KB261080

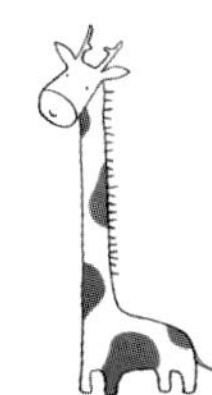
〰〰〰〰〰〰〰〰〰〰〰〰 님의 아이가

건강하고 행복하게 자라길 바라며...

디지털 세상이 아이를 아프게 한다

펴낸날 초판 1쇄 2013년 9월 5일 ㅣ 초판 2쇄 2013년 9월 15일

지은이 신의진

펴낸이 임호준
이사 이동혁
편집장 김소중
책임 편집 권지숙 ㅣ **편집** 윤은숙 장재순 나정애 김민정 임주하
디자인 이지선 왕윤경 ㅣ **마케팅** 강진수 이유빈 김찬완
경영지원 김의준 나은혜 박석호 ㅣ **e-비즈** 표형원 이용직 김량원 유영경

진행 김윤정 ㅣ **일러스트** 문수민
인쇄 자윤프린팅

펴낸곳 북클라우드 ㅣ **발행처** ㈜헬스조선 ㅣ **출판등록** 제2-4324호 2006년 1월 12일
주소 서울특별시 중구 태평로1가 61 ㅣ **전화** (02) 724-7676 ㅣ **팩스** (02) 722-9339

ⓒ 신의진, 2013

이 책은 저작권법에 따라 보호를 받는 저작물이므로 무단 전재와 무단 복제를 금지하며,
이 책 내용의 전부 또는 일부를 이용하려면 반드시 저작권자와 ㈜헬스조선의 서면 동의를 받아야 합니다.
책값은 뒤표지에 있습니다. 잘못된 책은 바꾸어 드립니다.

ISBN 979-11-85020-09-9 13590

• 이 도서의 국립중앙도서관 출판시도서목록(CIP)은 서지정보유통지원시스템 홈페이지(http://seoji.nl.go.kr)와
  국가자료공동목록시스템(http://www.nl.go.kr/kolisnet)에서 이용하실 수 있습니다.
  (CIP제어번호: CIP2013014918)

디지털 세상이 아이를 아프게 한다

신의진 지음

북클라우드

현명한 부모는
'디지털 페어런팅'한다

20여 년간 소아정신과에서 아이들의 아픈 마음을 읽고 어루만져주는 일을 했다. 오랜 시간 꾸준히 아이들의 아픈 마음을 읽다 보니, 아이들의 마음을 아프게 하는 것에도 소위 말하는 '유행'이라는 것이 있음을 알게 되었다.

영유아 조기교육 열풍이 불기 시작했을 때는 비디오와 학습지에 일찍부터 노출된 아이들이 언어발달과 사회성 발달에 문제가 생겨 진료실을 찾았고, 학교폭력, 성폭력으로 마음에 큰 상처를 안고 오는 아이들이 많아질 즈음에는 사회적으로 이들 문제가 수면 위로 떠올랐다.

그리고 요즘 들어서는 짜증과 불안을 주체하지 못하는 아이, 충동 조절이 되지 않는 아이, 또래와 어울리지 못하는 아이 등이 진료실에 넘쳐나는 것을 보면서, 정서발달과 사회성 발달이 제대로 이뤄지지 않은 아이들이 빠른 속도로 늘고 있다는 것을 알게 되었다. 이런 아이들의 손에는 공통적으로 '디지털 기기'라는 무시무시한 마약이 들려 있음도 함께 말이다.

내가 디지털 기기를 '마약'이라고 칭하는 것은, 욕구에 대한 절제력과 충동에 대한 조절력이 아직 발달 중인 아이들에게 디지털 기기가 끊을 수 없을 정도로 강한 중독성을 불러일으키기 때문이다. 게다가 그것에 빠져들면 돌이킬 수 없는 마음의 후유증까지 앓기 때문이다. 즉 예전보다 몸은 더 빠르게 자라지만 오히려 마음은 더디게 자라는, 요즘 아이들의 '가짜 성숙'한 모습에는 디지털 기기가 주요 원인으로 자리 잡고 있는 것이다.

TV, 컴퓨터, 스마트폰, 태블릿PC 등으로 대표되는 디지털 기기는 부모들에게 큰 환영을 받고 있다. 내 아이에게 우수한 학습교구가 되고, 편리한 육아도우미에다 만능 장난감으로까지 변신해서 전천후로 육아를 돕기 때문이다. 그러나 이제 우리를 둘러싼, 아니 우리를 지배하고 있는 디지털 기기의 문제점을 직시해야 한다.

구글, 애플, 야후 등 IT 거대 기업이 모인 미국 실리콘밸리의 부모들은 자녀를 컴퓨터 없는 발도로프 학교에 보낸다고 한다. 학교와 컴퓨터는 어울리지 않는다는 이유에서 말이다. 프랑스의 경우에는 초·중등학생들에게 교내 휴대폰 사용을 금지시켰고, 독일과 핀란드의 경우에는 어린이들에게 휴대폰 사용 자제를 권고하고 있다. 이미 교육 선진국에서는 디지털 기기가 아이들에게 미치는 부정적인 영향에 주목하고, 디지털 환경 속에서 내 아이를 건강하게 지켜내기 위한 현명한 육아법에 골몰하고 있는 것이다.

그런데 IT 초강국이라고 자타가 공인하는 대한민국은 왜 이런 흐름에 역행하는 것일까?

이것은 결국 우리 사회와 가정이 디지털 환경의 풍요가 불러오는 문제들에 대해 경각심이 부족하기 때문일 것이다. 나는 이 문제의 심각성을 진료실에서 먼저 깨닫고, IT 초강국 대한민국의 부모들에게는 무엇보다 똑똑한 '디지털 페어런팅'이 시급함을 역설하기 위해 이 책을 쓰기로 마음먹었다.

똑똑한 기계들의 세상 속에서 현명한 부모로 내 아이를 지키고자 한다면, 내 아이의 몸이 성장하는 만큼 마음도 함께 성숙하도록 도와야 한다. 그치지 않을 것 같은 아이의 울음을 달래고자, 영어 단어를 하나라도 더 빠르고 편리하게 가르쳐주고자, 무엇보다 아이가 즐겁게 가지고 노니까… 라는 이유들은 모두 접어두고 이 책을 먼저 읽어볼 것을 권하고 싶다.

이 책은 디지털 세상이 어떻게 아이의 뇌와 마음을 망치는지 자세히 설명하고 있다. 또한, 디지털 세상에서 내 아이를 지키기 위한 '디지털 페어런팅'의 원칙과 실천 지침을 제시하고 있다. 곁에 두고 여러 번 읽어 이해하기를 권하며, 그리고 무엇보다 부모의 실천이 꼭 필요한 책이다.

2013년 9월 신의진

C.O.N.T.E.N.T.S

몸은 자라지만 마음은 자라지 않는 아이들

요즘 아이들,
도대체 왜 그래?

이거, 애들 무서워서 어디 살겠나!

얼마 전 모 일간지에 수업 시간에 잠자는 것을 깨웠다고 교사에게 주먹을 휘두른 고등학생의 기사가 등장했다. 수업 시간에 잠을 자는 아이를 깨우는 건 교사에게 마땅히 주어진 책임이다. 그럼에도 불구하고 학생이 교사에게 주먹다짐을 했다는 사실은 많은 이들에게 충격을 주었다.

하루가 멀다 하고 뉴스를 통해 전해지는 왕따와 학교폭력에 대한 소식도 어른들의 한숨을 자아낸다. 또래 몇몇이 뭉쳐 한 친구를 괴롭히는 정도가 얼마나 사악하고 집요한지 진저리가 처질 정도다.

남학생들이 집단으로 한 여학생에게 못된 짓을 저지른 일도 심심치 않게 들려온다. 예전에는 중·고등학생 정도는 되어야 저질렀던 만행이 요즘은 초등학생에게서도 빈번히 발생한다. 다시 말해, 아이들이 '사고'를 치는 정도가 날이 갈수록 더 심해지고 있고, 더군다나 연령층도 낮아지고 있는 것이다.

이런 소식들을 접할 때마다 어른들의 입에서는 탄식이 끊이질 않는다.

"떡잎부터 알아본다고, 요즘 애들은 글러 먹었어."

"나라의 미래가 어떨지 안 봐도 뻔하다, 뻔해."

"애들이 고생을 해봐야 정신을 차리지."

5000년 전 고대 이집트 파피루스에도 '요즘 애들 버릇없어'라는 문구가 등장한다고 한다. 그만큼 아이들에 대한 어른들의 근심 어린 시선은 동서고금을 초월한다. 그러나 최근에 아이들 세계에서 벌어지는 일은 단순히 세대 차이, 시각 차이, 가치관 차이의 문제가 아니다. 심각한 사회적 문제로 떠오를 만큼 그 강도가 너무나 세다.

더 큰 문제는, 너무 자주 일어나 우리 모두가 무감각해지고 있다는 사실이다. '우리 아이는 아니겠지'라고 애써 회피하면서.

대한민국에서 부모로 살아가는 괴로움

어른들의 치를 떨리게 하는 거친 행동들은 사춘기 때 가장 두드러진다. 그중에서도 사춘기의 정점이라고 꼽히는 중학교 2학년생을 둔 가정에서는 일상이 전쟁이다. 중학교 2학년 아이들이 어찌나 반항적이고 충동적이면 '중2병'이라는 신조어까지 생겨났을까. 북한이 대한민국의 중2가 무서워 남침을 못한다는 우스갯소리까지 나돌 정도니 할 말 다한 셈이다.

나 역시 경모와 정모를 키우면서 양육 스트레스가 최고조였을 때가 바로 아이들이 중학교에 다닐 무렵이었다. 이렇게 해도 불만, 저렇게 해도 반항인 통에 마음고생을 정말 많이 했다.

특히 남보다 예민하고 까다로웠던 경모와는 여러 가지 갈등으로 잦은 전쟁을 벌여야 했다. 그래서 경모가 중학교를 다니는 동안 나는 몸과 마음이 너무 고되어 자주 몸져눕곤 했다. 일례로, 경모는 물건을 잘 잃어버리는 편이라 중학교에 들어가서야 휴대폰을 마련해줬다. 그런데 미리 통화가 가능하냐는 문자를 보내지도 않고 전화했다며 마구 화를 내는 것이었다. 반대로, 내가 진료나 강의 때문에 경모의 전화를 못 받기라도 하면 온갖 짜증을 다 부리곤 했다. 휴대폰을 들여다보고 있느라 식사도 제대로 하지 못하고 공부에도 지장이 생기는 것 같아 고육지책으로 집에 오면 휴대폰을 내게 맡기라 했는데, 아이가 격렬하게 거부하여 진땀을 뺀 적도 있다.

형보다 적응을 잘해왔던 정모도 중학생이 되면서 불만과 반항이 잦아졌다. 특히 정모는 아빠와 자주 마찰을 일으켰다. 그래서 정모가 중학교에 다닐 무렵에는 나보다 아빠가 몸져누울 일이 많았다.

이것은 비단 우리 집에서만 일어났던 특수한 상황이 아니다. 사춘기 아이들을 키우고 있는 가정에서는 으레 치를 수밖에 없는 전쟁이다. 경모가 중학교에 다닐 때, 같은 반 친구 엄마 중 한 명은 아들이 너무 미워 육탄전을 벌이다가 몸에 멍이 든 상태에서 찜질방으로 피난을 갔다는 눈물겨운 사연을 들려주기도 했다. 아이에게 나가라고 하고 싶은 마음이 굴뚝같았지만, 그렇게 했다가는 정말로 가출을 할 것 같아 엄마가 대신 가출을 했다는 것이다. "원수를 사랑하라"라는 예수님 말씀을 떠올리며.

아이들은 누구나 질풍노도와 같은 사춘기를 경험한다. 사춘기에 접어든 아이들은 스스로 감정을 통제하거나 충동을 조절하지 못한다. 부모와 교사가 이 시기를 잘 인내하며 이해해주면 아이들은 질풍노도의 시기를 극복하고 건강하게 성장한다.

그런데 요즘의 사춘기 아이들은 부모와 교사의 노력만으로는 어찌할 수 없는 지경에 이르렀다. 폭력성과 충동성의 정도가 거의 범죄 수준이다. 오죽하면 소년범의 형사처분 연령을 낮추고 학교에서 벌어지는 일에 경찰이 개입하도록 하는 제도를 마련하고 있을까.

사춘기의 파괴적 행동, 어디서부터 잘못된 걸까?

내가 정신과 의사로서 학교폭력 피해자를 진료하기 시작한 것은 2000년경으로 거슬러간다. 처음에는 학교에서 친구에게 샤프로 손가락을 찔린 학생, 가슴을 맞아 뼈가 부러진 학생 등이 드문드문 찾아왔다. 이때도 학교폭력이 심각하기는 했지만 지금처럼 참담한 상황이 광범위하게 일어나지는 않았다.

그러나 이후 10여 년 동안 학교는 때리고 맞고 따돌리는 아수라장으로 변했다. 나와 다른 생각을 가진 사람은 무조건 나쁘다고 보는 아이들의 비뚤어진 인식이 파괴적인 행동으로 이어져 학교폭력을 부추기고 있는 것이다.

학교폭력에 시달리는 피해 학생은 그 고통을 견디다 못해 극심한 스트레스와 우울증을 경험하게 된다. 심할 경우 자살이라는 극단적인 선택을 하기도 한다. 신체적 폭력과 심리적 압박으로 심신이 지칠 대로 지친 아이가 고통을 끝낼 수 있는 방법으로 자기 파괴적인 행동을 선택하는 것이다.

나는 오랫동안 학교폭력의 가해자와 피해자를 만나 진료해왔다. 또 경찰서나 교육청, 학교관계자를 만나 학교폭력 문제에 대한 다양한 자문을 해왔다. 그런데 일진과 같은 폭력 그룹에 의한 사건 이외에는 의외로 가해자와 피해자를 구분하는 것이 쉽지 않아 난감한 경우가 많았다. 먼저 때린 사람이 가해자인지, 더 많이 때린 사람이 가해자인지를 명확하게 가려낼 재간이 없기 때문이다.

전문가들은 학교폭력이 증가하는 원인으로 경쟁적인 사회·문화적 환경, 경직된 학교 시스템, 인성교육의 부재 등을 꼽고 있다. 정부에서는 이에 발맞추어 각종 규제나 대책을 내놓고 있지만 아직까지 학교폭력을 막는 데 큰 힘을 발휘하지 못하는 것이 사실이다. 오히려 가해자 처벌 위주로 법을 만들어 해결하려는 제도가 가해자와 피해자, 그리고 그 부모 사이의 갈등만 부추기고 있다.

학교폭력은 사후 조처보다 사전 예방을 하는 것이 훨씬 중요하다. 그래서 정부나 교사들이 앞장서 학교문화를 정화하고, 안전하고 건강한 제도를 마련하는 것이 시급하다. 하지만 이것만으로는 한참 부족하다. 아이들의 마음이 이미 너무 왜곡된 채로 학교에 오기 때문이다.

요즘 아이들이 이해할 수 없을 만큼 살벌하고 난폭한 것도, 예의가 없고 이기적인 것도 모두 내 생각과 다르면 무조건 나쁘다고 생각하는 비뚤어진 마음 때문이다. 이런 아이들이 점점 늘고 있는 상황에서는 아무리 완벽한 제도와 좋은 환경을 마련한다고 해도 별다른 소용이 없을 것이다. 그러므로 요즘 아이들의 파괴적인 행동의 내막을 알기 위해서는 가장 먼저 그들의 마음부터 들여다보아야 한다.

아이의 행동은
마음에서 시작된다

얼마 전 시내 한복판에서 참으로 어이없는 일을 경험했다. 차를 운전해서 가고 있는데 대학생처럼 보이는 여학생이 길가에 주차를 하고 있었다. 그런데 여학생의 서툰 주차 솜씨가 가뜩이나 좁은 도로를 더욱 불편하게 만들었다.

"학생! 차를 좀 더 옆으로 붙여서 주차해야겠어. 길이 좁아 지나갈 수가 없네."

그곳은 원래 주차를 할 수 없는 곳이었다. 게다가 여학생의 차는 도로 쪽으로 너무 튀어나와 있어 교통의 흐름을 크게 방해하고 있었다. 나는 당연히 여학생이 부끄럽고 미안해하며 다시 한 번 주차를 시도할 거라고 생각했다. 그런데 여학생으로부터 돌아온 대답은 바로 이것이었다.

"아줌마가 알아서 지나가세요. 나 지금 바빠요."

그러고 나서 황당해하는 나의 눈빛은 아랑곳하지 않고 횡하니 제 갈 길을 가버렸다. 결국 나는 뒤차들의 요란스러운 경적소리에 쫓겨 아슬아슬하게 여학생의 차를 피해 가야 했다.

많은 사람들이 어우러져 사는 세상에서 자기만 편하면 된다는 여학생의 이기적인 태도가 한동안 기억 속에서 지워지지 않았다. 분명 20살을 넘긴 어여쁜 여학생이었다. 한 명문대학교 로고가 새겨진 티셔츠를 입은 것으로 보아, 해당 명문대에 진학할 정도로 지식 습득 능력 또한 뛰어난 것처럼 보였다. 그럼에도 불구하고 하는 행동이나 마음 씀씀이는 5~6살 먹은 어린아이처럼 미성숙했던 것이다.

바로 이런 점이 문제다. 요즘 청소년들이나 젊은 청년들을 보면, 겉보기에는 멀쩡하고 머리도 총명한 것 같다. 그러나 전혀 지혜롭지 못하고 문제해결력 역시 형편없다. 이런 부류가 직장에, 학교에 그리고 가정에 너무 많아 직장상사, 교사 혹은 부모들이 골머리를 앓고 있다. 그렇다고 뭐가 문제인지 콕 집어 지적할 수도 없으니 분통만 터트리고 있을 뿐이다.

건강한 내 아이도 안전하지 않다

소아정신과 의사로서 나는 아이들을 세 부류로 나눈다. 우선 제 나이에 맞게 마음이 건강한 발달을 이루며 성장하고 있는 아이들을 1군으로 분류한다. 이런 아이들은 평소에도 큰 문제없이 지내지만, 특히 어려운 상황이 닥쳤을 때 그것에 대처하는 자세가 남다르다. 문제 상황에 닥쳤을 때 스스로 극복하고 적응하는 힘, 즉 회복탄력성이 높다.

2군으로 분류하는 아이들은 주변 환경이 잘 갖추어져 있으면 건강하게 잘 지내지만, 주변 환경이 뒷받침되지 못할 때는 많이 흔들리는 모습을 보인다. 즉 어려움이 있을 때 스스로 극복해나가는 힘이 약해 누군가의 도움이 필요한 아이들이다. 그래서 2군에 속하는 아이들은 '리스크(risk) 군'이라고 부르기도 한다. 이 아이들은 주변 환경에 좌우되기 때문에 환경이 나쁘면 3군으로 갔다가 환경이 좋아지면 1군처럼 보인다.

환경에 상관없이 늘 무기력하고 우울한 모습을 보이거나 공격적인 성향을 띠는 아이들은 3군으로 분류한다. 이 아이들은 사람에 대한 신뢰가 무너지고 세상에 대한 미움이 깊기 때문에 병원을 찾아 전문가의 치료를 받지 않으면 결코 나아지질 않는다.

사회에서 바라는 인재상, 부모가 바라는 자녀상이 바로 1군에 속하는 아이들이다. 예를 들어, 지독한 가난을 이겨내고 한강의 기적을 이뤄낸 세대가 1군에 속하는 대표적인 사람들일 것이다. 그러나 안타깝게도 건강하고 성숙한 1군 아이들의 비중은 점점 줄어들고 있는 실정이다. 그 대신 환경에 좌우되는 2군 아이들이나 치료가 필요할 만큼 심리적으로 불안한 3군 아이들이 늘어나고 있다.

각종 조사에서도 아이들의 정서에 문제가 있음을 알리는 이상신호가 발견되고 있다. 교육과학기술부가 2012년에 전국 1만 1,516개 학교 668만 2,320명의 초·중·고등학생을 대상으로 조사한 '학생정서·행동특성검사'에서는 16.3퍼센트에 달하는 105만 4,447명의 학생이 정신건강에 문제가 있다는 결과를 얻었다고 한다. 보건복지부에서는 78개월 이하 영유아 534명을 대상으로 정신건강에 문제가 있는지 여부를 조사했는데, 그 결과 5명 중에 한 명꼴로 정신건강에 빨간불이 들어와 있다는 사실을 확인했다.

대부분의 부모가 내 아이는 1군처럼 건강하게 잘 자라고 있다고 믿고 싶을 것이다. 그러나 실제는 그렇지 못한 경우가 많다. 다른 친구가 따돌림을 당할 때 침묵하거나 어느 정도 동조하는 아이들, 적당히 숙제하고 마지못해 독서하는 시늉을 하는 아이들, 매사를 자기중심적으로 생각하는 아이들의 행동은 모두 건강하지 못한 마음에서 비롯되기 때문이다.

심지어 지금 내 아이가 건강한 마음을 가졌다고 하더라도 방심해서는 안 된다. 이미 마음의 건강을 잃어가고 있는 주변 친구들이 내 아이를 향해 돌직구를 날리며 상처를 낼 가능성이 크기 때문이다.

성장은 하지만 성숙해지지 않는 아이들

소아정신과는 당연히 정신적으로, 그리고 심리적으로 어려움을 겪는 아이들이 찾아오게 마련이다. 그런데 소아정신과를 찾는 아이들 사이에도 소위 말하는 '유행'이라는 것이 있다. 특정 시기에 특정 이유로 병원을 찾는 아이들이 몰리는 현상이 있기 때문이다. 그래서 소아정신과는 아이들의 정신건강의 흐름을 읽을 수 있는 곳이다.

어느 시기를 기점으로 해서 갑자기 친구들에게 얻어맞고 등교를 거부하는 중학생들이 병원을 많이 찾았다. 학교에서 친구들에게 괴롭힘을 당하고 있는데, 더 이상은 못 견디겠다는 것이다. 그리고 얼마 안 있어 각종 언론에서 학교폭력의 심각성에 대해 알리더니 학교폭력 문제가 사회적 문제로 떠올랐다.

영유아들에게 조기교육 열풍이 불기 시작했을 때는 비디오와 학습지에 너무나도 일찍 노출된 아이들이 병원에서 치료를 받는 경우가 많았다. 이 아이들은 마치 자폐아와 같이 언어와 사회성에 크게 떨어지는 모습을 보였다. 내가 첫 책 《현명한 부모는 아이를 느리게 키운다》를 집필했던 계기가 바로 이 시기에 병원을 찾은 어린아이들 때문이었다.

성폭력을 당한 아이들이 많이 찾아온다 싶으면 여지없이 얼마 후 성폭력 문제가 커다란 사회적 문제로 대두되었다. TV에서 인터뷰 요청이 가장 많았던 것도 이 무렵이었던 것 같다.

그런데 요즘 소아정신과를 찾는 아이들을 보면 이른바 '속 빈 강정' 전성시대 같다. 겉을 보면 그저 똑똑하고 말끔하고 건강하다. 그런데 몇 마디 말을 나누어보면 이 아이가 대체 무슨 생각을 갖고 있는지 모를 정도로 난감한 경우가 많다. 특히 정신과 의사로서 환자의 정서 상태에 대한 진단을 내리기 위해 꼭 필요한 질문을 해도 어처구니없는 대답이 돌아올 뿐이다. 예를 들어 이런 식이다.

"평소에 기분이 어떤 편이니?"

"몰라요."

"그러면 지금 나와 함께 있을 때 기분이 좀 어때? 편안하니?"

"아무 기분도 안 들어요."

성의 없게 대충 대답하다가 오히려 내게 반문을 할 때도 있다.

"그런데 왜 자꾸 나한테 그런 걸 물어보는 거예요? 내 기분이 어떻든 무슨 상관인데요?"

내 앞에 앉아 있는 아이는 분명 초등학교 5학년인데 대화에 대한 예절이 어쩜 그렇게 한심하고 괴팍한지 어이가 없을 정도다. 그러면서 한편으로는 안타깝다. 이런 아이들은 평소 자신의 기분 상태를 거의 인지하지 못하거나 표현하지 않고 살아온 게 뻔하기 때문이다.

자신의 기분 상태를 알고 제대로 표현하기 위해서는 정서지능, 즉 EQ가 발달해야 한다. 그리고 EQ는 사회성과 사고력 발달의 가장 기본적인 요소가 된다. 그래서 상담을 할 때 자신의 감정을 이야기하는 자세만 봐도 일상생활과 학교 성적이 어떨지 가늠이 간다. 자신의 감정뿐 아니라 타인의 감정을 잘 헤아리지 못하니 친구와 항상 티격태격일 것이다. 또 부모나 교사의 말을 자기중심적으로 해석하기 때문에 거부와 반항이 빈번할 게 분명하다. 잔지식은 많을지 몰라도 사고력이 취약하니 고학년이 되면서 성적이 추풍낙엽일 것이다.

과거에 비해 신체발달은 월등히 좋아졌다고 한다. 하긴 깨끗한 환경에서 좋은 음식을 먹고 자라니 신체발달이야 걱정할 게 하나 없다. 문제는 마음이 그만큼 건강하게 자라지 못하고 있다는 데 있다.

몸의 크기, 즉 키와 몸무게가 점점 자라는 것이 '성장'이라면 마음의 크기가 점점 자라는 것은 '성숙'이다. 몸은 잘 먹어서 무럭무럭 자라는데 마음은 건강하게 자라지 못하고 있다는 것은, 아이들이 성장은 하고 있지만 성숙해지지는 않는다는 것을 뜻한다. 성장을 하면 당연히 성숙해지는 것이라 믿어왔는데, 이 얼마나 청천벽력과도 같은 일인가.

나는 이런 현상을 '가짜 성숙'이라고 표현한다. 신체적인 성장은 훌륭하지만 마음이 그만큼 성숙해지지 않아 충동적이고 버릇없고 죄의식 없는 행동을 일삼는 요즘 아이들의 모습은 '가짜 성숙하다'고밖에 표현할 길이 없다.

그럼에도 불구하고 부모는 아이들이 잘 먹고 잘 자라고 있으니 당연히 성숙해지고 있을 것이라고 착각하고 있다. 아니, 단지 믿고 있는 정도가 아니라 추호도 의심하지 않기 때문에 신경조차 쓰지 않는다.

게다가 '성숙'이라는 신성한 말을 매우 왜곡해서 사용하기도 한다. 특정 신체부위의 발육이 남달라서 소위 말하는 S라인을 이루고 있는 여자아이, 배에 식스팩이라고 불리는 근육이 발달한 남자아이에게 성숙하다는 표현을 하고 있는 것이다. 오히려 외모지상주의에 빠져 다른 아이들보다 더욱 성숙하지 않은 모습을 보일 게 뻔한데도 말이다.

언제까지 성숙 없는 성장만 하도록 방치할 수는 없다. 그런 아이들로 가득 찬 우리 가정, 우리 사회의 미래는 상상만 해도 끔찍하기 때문이다.

아이들의 가짜 성숙에
속고 있다

착하고 똑똑했던 내 아이가 왜 이렇게 변했나요?

중학생 딸과 함께 진료실을 찾아온 엄마가 있었다. 엄마의 불안한 눈빛에서 모녀지간에 심상치 않은 일이 있었음을 짐작할 수 있었다.

"애가 요즘 들어 도통 엄마, 아빠랑 이야기를 하지 않으려고 하는 게 아니겠어요? 그래서 하루는 작정을 하고 학교에서 돌아오는 아이에게 도대체 이유가 뭐냐고 물어봤지요."

"아이가 무슨 말을 하던가요?"

"웬걸요, 대답은커녕 갑자기 소리를 빽 지르더니 화장실로 들어가 문을 잠가버리는 거예요. 그래서 열쇠를 꺼내 문을 열고 들어가니……."

엄마는 차마 말을 잇지 못하고 고개를 떨구었다. 그러고는 몇 번 심호흡을 하고 나서야 다음 이야기를 들려주었다.

"글쎄 아이가 욕조에 물을 틀어놓고 교복을 입은 채로 그 안에 들어가 눈 감고 누워 있더라고요."

그 모습을 상상하니 눈앞이 아찔할 정도였다. 아이는 심한 우울증에 분노조절 장애까지 의심되는 상황이었다.

그런데 더 걱정되는 것은 아이의 태도에 대한 엄마의 분석이었다.

"애가 초등학교에 다닐 때까지만 해도 정말 말도 잘 듣고 공부도 최상위권이었거든요. 그런데 올해 중학교에 입학한 뒤로 성격도 괴팍해지고 말도 징그럽게 안 듣더라고요. 성적도 엉망이고……. 아무래도 나쁜 친구들이랑 어울리는 것 같아요. 그 애들이 우리 아이를 망쳐놓은 게 분명해요."

나는 조심스럽게 대답했다.

"아이의 상태로 보아서는 단지 중학교에 입학한 뒤 몇 개월 동안 이루어진 일은 아닌 것 같아요. 아주 오래전부터 쌓여온 우울 증상이나 분노가 이제 와서 폭발한 것이지요."

"그동안은 정말 너무 착하고 예쁘고 똑똑한 모범생이었는데……. 그 똑똑했던 아이가 갑자기 왜 이러는 거예요?"

엄마는 결국 눈물을 보이고 말았다. 사춘기에 접어들면서 아이가 갑자기 문제행동을 보일 경우, 대부분의 부모들이 고분고분 말 잘 들고 공부도 곧잘 했던 과거와 비교하며 안타까워한다. 그래서 그 원인을 근래에 갑자기 변한 환경이나 새로 사귄 친구로부터 찾게 된다. 사춘기를 남들보다 호되게 겪는 거라고 애써 현실을 부정하는 경우도 있다.

그런데 아이의 문제행동은 결코 어떤 특별한 이유로 갑자기 나타나지는 않는다. 그동안 내재되어 있던 요소들이 더 이상 참을 수 없는 지경이 되었을 때 밖으로 표출되는 것이다. 혹시나 좋지 않은 환경에 처하더라도, 또는 불량한 친구들이 주변에 널려 있어도 마음이 건강한 아이들은 거기에 휩쓸리지 않고 제 갈 길을 간다. 주변 환경에 휩쓸리는 것은 마음이 건강하지 못한 탓이다.

그렇다면 궁금하지 않을 수 없다. 똑같은 밥 먹고 비슷비슷한 환경에서 공부하며 성장하는데, 왜 누구는 마음이 건강한 아이로 성장하고 누구는 마음이 건강하지 못한 아이로 성장하는 걸까? 그 둘 사이에는 과연 어떤 결정적인 차이점이 존재하는 걸까?

진짜 성숙한 아이 vs. 가짜 성숙한 아이

고대 그리스에서는 지식을 크게 두 가지로 나눈다. 기노스코(ginosko)와 오이다(oida)가 바로 그것이다. '기노스코'가 머리로 알고 있는 이론적인 지식이라면, '오이다'는 깨달음을 수반하는 경험적인 지혜다. 우리가 책을 통해 아프리카 초원에는 어떤 동물들이 살고 있으며 어떤 위험들이 도사리고 있다는 사실을 알게 되었다면 그것은 기노스코, 즉 이론적 지식이다. 반면, 책이나 정규교육을 통해서는 배우지 못했지만 생활 속에서 스스로 초원의 습성을 파악한 아프리카 아이들이 적들로부터 자신을 보호할 수 있는 방법을 터득했다면 그것은 오이다, 즉 경험적 지혜다.

과연 고대 그리스 사람들은 이 두 가지 중에서 어떤 것을 더 우위에 두었을까? 예상대로 기노스코보다 오이다를 더 우위에 두었다. 실제 경험을 통해 스스로 파악하고 깨닫고 고쳐나간 것을 더 가치 있는 지식으로 보았던 것이다. 물론 경험적인 지혜 바탕에 이론적인 지식까지 겸비하고 있다면 그보다 더 환상적인 일은 없을 테지만.

그런데 요즘 우리 아이들은 어떠한가? 조기교육이다 선행학습이다 해서 잡다한 지식은 많이 쌓지만 그것을 충분히 이해하고 실생활에 적용시킬 만한 여유가 없다. 게다가 어렵사리 습득한 지식은 인생을 좀 더 현명하게 살아가기 위한 도구가 아니라 시험 점수를 조금이라도 높이기 위한 방편으로 활용된다.

우리는 지금 아이들의 가짜 성숙에 속고 있다. 요즘 아이들이 옛날 아이들에 비해 뭔가를 더 많이 알고 몸집이 더 크다고 해서 더 일찍 성숙해질 것이라고 생각하면 큰 오산이다. 갈등을 풀어나가는 지혜가 없어 20살이 되어도 5~6살 어린애처럼 미성숙한 모습을 보이는 아이들이 너무나도 많기 때문이다. 수업 시간에 잠자는 것을 깨웠다고 교사에게 주먹을 휘두른 고등학생처럼, 아무렇게나 주차해놓고는 아줌마가 알아서 지나가라는 뻔뻔한 말을 남긴 채 홀연히 사라진 여학생처럼, 그리고 엄마가 잔소리한다고 화장실 문을 잠그고 들어가 교복을 입은 채로 욕조에 누워버린 여중생처럼…….

지식만 있는 헛똑똑이로 키울 것인가, 지혜가 있는 성숙한 아이로 키울 것인가

가족들이 오랜만에 모인 자리, 6살짜리 여자아이가 노래를 부르며 구구단을 줄줄 외자 집안 식구들이 호들갑을 떨며 박수를 친다. 기분이 좋아진 아이는 내친김에 천자문도 줄줄 왼다. 이쯤 되면 할머니, 할아버지는 난리가 난다. 혹시 우리 손녀 천재 아니냐고. 그 모습을 바라보는 엄마, 아빠는 그저 흐뭇하기만 하다.

갑자기 엄마가 뭔가 생각난 듯 아이에게 묻는다.

"오늘이 무슨 날이지?"

아이는 거침없이 대답한다.

"삼일절이야. 삼일절에는 태극기를 달아야 해. 우리나라 국경일이

거든."

그러더니 아이는 우리나라 국경일을 줄줄 외기 시작한다. 또 한 번 뜨거운 박수가 터져 나오자 아빠가 자랑스럽게 한마디 한다.

"영어도 아주 잘해요. 유치원 선생님이 그러는데 영어 시간에 우리 지윤이 없으면 수업이 제대로 진행이 안 된대요."

그것을 증명이라도 해 보이려는 듯 곧 아빠와 아이 사이에 영어 단어 맞히기 놀이가 시작된다.

"포도는 영어로 뭐지?"

"Grape."

"코끼리는 영어로 뭐지?"

"Elephant."

"할아버지는 영어로 뭐지?"

"Grandfather."

마침내 가족들은 찬양에 가까운 덕담을 한마디씩 한다.

"지윤이 천재 아니야? 어떻게 이렇게 아는 게 많아?"

"머리가 진짜 좋은 것 같아요. 영재수업 시작해보세요."

"우리 지윤이 학교 들어가면 매일 일등 하겠다."

내가 봐도 요즘 아이들은 정말 아는 게 많다. 유치원에 다니는 꼬마들도 웬만한 과학 상식부터 역사적 사실, 위인들의 업적, 스포츠 경기에 대해 줄줄 꿰고 있다. 하다못해 최근에 화제가 되고 있는 사건·

사고에 대해서도 훤히 알고 있는 경우도 있다.

학습 수준도 과거와는 비교가 되지 않는다. 5~6살 정도 되었을 때 한글을 읽고 쓰지 못하면 이상할 정도고, 학교에 들어가기 전에 두 자릿수 덧셈, 뺄셈 정도는 기본으로 한다. 예전 같으면 중학교에 들어가서나 배우는 영어 파닉스나 한자도 유치원에서 배우고 들어가는 것을 당연하게 여긴다.

그래서 요즘 아이들은 다소 엉뚱하고 자기중심적이기는 하나, 자신의 생각을 똑 부러지게 표현하고 영민한 편이다. 그것을 성숙하다고 오해할 수도 있겠지만, 그렇게 단시간 기억 가능한 잡다한 지식들은 아이가 성숙해지는 데 아무런 양분이 되어주질 못한다. 아니, 오히려 독이 될지도 모른다. 소화할 수 없는 잡다한 지식만 가득하고 지혜롭지는 못한 '헛똑똑이'로 만들 수 있기 때문이다.

게다가 몸은 성장하지만 마음은 성숙해지지 않아 불균형한 상태에서 헛똑똑이 병까지 든다면 아이들의 가짜 성숙은 더욱 심각해진다. 이럴 경우, 저 잘난 맛에 취해 주변 사람들의 충고를 왜곡하고 회피하는 고집스러운 아이의 모습을 보일 가능성이 크다. 나는 그런 모습을 매우 자주 목격해왔다. 초등학교 때까지만 해도 공부를 곧잘 했다는, 그러나 중학교에 다니면서부터 성적도 떨어지고 반항을 하기 시작했다는 아이들을 상담하다 보면 그들은 내가 묻는 말에 십중팔구 이런 대답을 한다.

"내가 그러든 말든 무슨 상관이에요?"

"짜증 나게 아줌마까지 왜 그래요?"

"왜 나한테 이래라저래라 하는 거예요? 의사라고 잘난 척하지 말아요."

가짜 성숙한 아이들은 사춘기가 될 때까지 눈에 잘 띄지 않는다. 눈치껏 적당히 적응하며 지내기 때문에 오히려 말을 잘 듣는 똑똑한 아이처럼 보이기도 한다. 그러다가 주변 사람들과의 갈등으로 감정이 폭발할 무렵 불현듯 가족들과 소통을 끊고 가출 혹은 무단결석과 같은 극단적인 선택을 한다. 주변에서는 그제야 알아채고 깊은 고민에 빠지고 만다. 그러나 이때는 이미 곪을 대로 곪아 제자리로 돌아오기가 퍽이나 힘든 상황이 된다.

그러므로 연령에 맞게 신체발달을 이루고 있다고 안심해서는 안 된다. 학교 성적이 상위권이라면 별문제 없을 거라 단정해서도 안 된다. 아직 어리니까 더 지켜볼 필요가 있다고 미뤄서도 안 된다. 빠르면 빠를수록 좋다. 만 4살 이후가 되면 벌써부터 성숙하게 성장하는 아이와 그렇지 않은 아이가 극명하게 구분되기 시작한다. 그래서 유아기부터 아이의 성장과 성숙이 균형을 이루고 있는지 늘 관심을 가져야 한다.

가짜 성숙은
유아기부터 시작된다

아이의 마음은 4살부터 멈출 수 있다

부모의 마음을 괴롭게 하는 아이들의 문제행동은 참으로 가지각색이다. 유난히 친구들을 때리거나 괴롭히는 아이도 있고, 마음에 들지 않으면 무조건 삐치거나 짜증 내는 아이도 있다. 원하는 것을 얻지 못하면 그 자리에 드러누워 울고불고 난리 치는 아이 역시 엄마, 아빠의 넋을 빼놓고도 남는다.

아이가 이런 행동들을 보이면 대부분의 부모들이 '애들이 다 그렇지, 뭐. 크면 괜찮아질 거야' 하면서 스스로를 위안한다. 그러나 그것은 대부분 희망사항으로 끝나고 만다. 아이가 보이는 문제행동 중에 크면서 저절로 개선되는 경우는 극히 드물기 때문이다.

오히려 아이가 자라면서 문제행동들이 더 심해지는 것을 종종 보곤 한다. 얼핏 보면 그 문제행동이 사라진 것 같지만, 그것이 다른 형태로 모습을 바꿔 나타나는 경우도 다반사다. 신체적으로 미성숙한 부분은 시간이 지나 성장하면서 서서히 개선될 수 있지만 마음이 미성숙하여 보이는 행동들은 조기에 적절한 도움을 주지 않으면 결코 좋은 결실을 맺을 수가 없다.

옛말에 '될성부른 나무는 떡잎부터 알아본다'라는 말이 있다. 나는 될성부른 떡잎인지 그렇지 않은 떡잎인지 구분할 수 있는 시기가 만 4살 전후부터라고 생각한다. 만 4살을 갓 넘긴 유아와 이야기를 나누어보면, 그 아이가 건강한 마음을 갖고 있는지 아닌지를 금세 알 수 있다. 다른 사람들을 대하는 모습, 문제 상황에 대처하는 자세 등 정서적인 면과 사회성과 관련된 면에서 확연히 구별된다. 하다못해 대화를 하면서 아이들이 짓는 표정이나 엄마를 바라보는 눈빛만 봐도 마음이 건강한 아이와 그렇지 못한 아이를 가려낼 수 있다.

그래서 나는 아이의 가짜 성숙이 시작되는 시기를 만 4살로 못 박는다. 이 시기에 안정된 육아환경에서 따뜻한 보살핌과 더불어 발달에 맞는 자극을 충분히 받으며 성장하는 아이들은 지혜롭고 건강한, 다시 말해 진짜 성숙한 사람으로 성장할 기본이 갖추어진다. 반면 그렇지 못한 경우에는 앞에서 수없이 우려를 표했던 가짜 성숙한 사람으로 성장할 가능성이 커지는 것이다.

첫 단추가 중요하다. 첫 단추를 잘못 끼우면 나머지 단추는 말짱 도루묵이다. 다시 단추를 다 푼 다음 처음부터 다시 끼우려면 시간이 너무 오래 걸린다.

그나마 나중에라도 알아차리고 다시 끼우기라도 하면 다행이다. 잘못 끼워진 줄도 모른 채 세상을 활보하고 다니는 것은 더 큰 문제다. 주변 사람들이 단추가 잘못 끼워진 것을 발견하고 수군거리거나 충고를 해줘도 내가 그 사실을 모르고 있으면 그것이 다 귀찮고 짜증나고 화를 돋울 뿐이다. 가짜 성숙한 아이들이 별일 아닌 일에도 욱하고 다른 사람들의 조언을 귓등으로도 안 들으려고 하는 이유가 바로 거기에 있다.

발달검사를 통해 드러나는 아이들의 가짜 성숙

내가 어린아이들의 정서와 사회성 발달 정도를 확인하고자 할 때 서슴없이 선택하는 검사가 바로 MSSB(MacArthur Story Stem Battery, 이야기 완성 과제)다. MSSB는 사람의 정서발달 연구에 있어 세계적인 대가로 칭송받는 콜로라도 대학의 로버트 엠데(Robert N. Emde) 교수가 만든 심리 발달검사다. 이 검사를 할 때는 10~13개의 주제를 설정해 인형극 형태로 이야기를 완성해나간다. 아이들의 마음은 겉으로 보이는 행동으로 모두 설명할 수 없기 때문에 특별히 설정해놓은 상황에서 아이가 자신의 감정 상태를 어떻게 드러내는지를 살펴보는 것이다.

검사가 시작되면 전문가는 아이와 인형을 가지고 역할놀이를 하면서 주제에 맞는 화두를 던진다. 그런데 MSSB에서 다루는 주제들은 유아들에게 결코 녹록지 않다. 유아들의 심리를 의도적으로 불안하게 만들어서 그때 아이가 어떻게 해결해나가는지를 파악하는 것이 이 검사의 핵심이기 때문에 아이들을 갈등 상황에 빠트리는 주제가 계속 등장한다.

예를 들어, MSSB 과제 중에 친구와 공놀이를 하고 있는데 동생이 등장하는 상황이 있다. 동생이 끼어들어 같이 놀고 싶다고 하는데 친구는 "네 동생을 끼워주면 더 이상 너랑 친구 안 할 거야"라고 으름장을 놓는다. 이런 상황에서 아이가 어떻게 반응하느냐에 따라 얼마나 건강한 마음을 가지고 있는지를 알 수 있다.

이런 곤란한 상황에서 마음이 건강한 아이들은 "너 한 번, 나 한 번, 그리고 내 동생 한 번 하면 어떨까?"라고 친구를 설득한다. 그래도 친구가 막무가내로 고집을 피우면 새로운 친구를 한 명 더 등장시켜 서로 짝을 지어 노는 기지를 발휘하기도 한다. 그렇게 자신이 가진 역량 안에서 문제를 해결하기 위해 이리 고민, 저리 고민하는 모습을 보면 나도 모르게 '뉘 집 자식인지 참 잘 컸다'라는 생각이 든다.

반면, 마음이 건강하지 못한 아이들은 이런 갈등 상황을 풀어나가는 방식이 참으로 걱정스럽다. 똑같이 친구와 놀고 있는데 동생이 등장하는 과제를 제시하더라도, 이 아이들은 동생에게 집으로 가라고 소리를 빽 지르곤 한다. 동생에게 꺼지라고 하면서 폭력을 행사하는 아이도 있다. 친구에게 동생이 없는 곳으로 가서 놀자고 제안하며 울고 있는 동생을 뒤로한 채 횡하니 사라지는 것도 다반사다.

이렇게 유아기만 되어도 이미 세상을 바라보는 아이의 시선이 건강한지 혹은 건강하지 못한지, 문제를 해결하는 과정이 지혜로운지 아니면 공격적이거나 파괴적인지, 타인을 배려하는 마음이 따뜻한지 혹은 고집스럽거나 자기중심적인지가 뚜렷하게 보이기 시작한다. 그래서 유아기부터는 문제가 되는 아이의 행동을 단지 '철이 없기 때문'이라고 관대하게 생각해서는 안 된다. 이 시기에는 반드시 신체의 '성장'만큼이나 마음의 '성숙'이 이루어지고 있는지를 관심 있게 살펴보아야 한다.

아이가 보내는 유의미한 사인에 주목해야 한다

MSSB 검사를 하다 보면 가짜 성숙한 아이들은 특히 부모와 분리되는 장면이나 뜨거운 국을 쏟아서 다치는 장면 등에 직면하면 불안감을 이기지 못한다. 갈등을 유발하는 상황이 주어지면 불안감을 견디지 못해 이야기를 제대로 이어가지 못하거나 주제와 벗어난 이야기를 하기 일쑤다. 그래도 검사자가 계속 이야기를 이어나가려고 하면 짜증을 내기도 하고 공격적인 반응을 보이기도 한다.

그런데 이런 현상이 검사에 국한되는 것이 아니라 일상생활에서도 고스란히 나타난다. MSSB 검사를 통해 갈등 상황이나 새로운 환경을 제시하면 어김없이 적응하지 못하는 모습을 보이는데, 그 문제점들이 일상생활에서도 그대로 재연되는 것이다. 그래서 MSSB 검사는 아이의 가짜 성숙을 판단할 수 있는 잣대가 될 수 있다.

MSSB 검사를 통해 아이의 가짜 성숙을 가려낼 수 있다고 하니 갑작스레 이 검사에 관심을 갖는 부모가 많을 것이다. 개중에는 이것이 언뜻 역할놀이와 다를 게 없어 보이니 집에서 한번 해봐야겠다고 마음먹고 있을 것이다.

그러나 MSSB 검사는 생각처럼 단순하고 쉬운 검사가 아니다. 유아의 내면을 들여다보는 심리검사는 매우 객관적인 시각을 가지고 접근해야 하며 전문적인 지식을 가지고 해석해야 한다. 게다가 어느 한 단면만을 보고 결론을 내리는 게 아니라 아이가 처해 있는 상황과 부모와의 심층면담 등을 통해 종합적으로 분석하고 판단하기 때문에 전문가에게도 매우 조심스럽고 어려운 일이다. 그러므로 섣부르고 어설픈 논리로 아이를 힘들게 하는 일은 없어야 한다.

집에서 객관적으로 할 수 있는 검사는 없지만 눈여겨봐야 할 유의미한 메시지는 분명히 있다. 가장 기본적인 것은 아이의 표정에 주목하는 일이다. 아이의 표정은 감정을 담고 있는 거울이다. 그러므로 기쁠 때 기쁜 표정을 짓고, 슬플 때 슬픈 표정을 짓고, 화가 나면 화난 표정을 짓는 게 정상이다. 깜짝 놀라거나 긴장될 때도 고스란히 표정에 담기는 것이 맞다.

표정이 감정을 제대로 담지 못한다는 것은 감정발달이 온전하게 이루어지지 않았다는 뜻이다. 그래서 표정은 가짜 성숙과도 관계가 깊다. 가짜 성숙한 아이들은 표정의 변화가 거의 없다든지, 아니면 대부분 어두운 표정을 짓고 있다. 반면, 계속 웃고 있는 아이들도 있다. 물론 웃는 얼굴 자체는 보기 좋지만, 웃음 또한 때와 장소를 가릴 줄 알아야 한다. 때와 장소에 상관없이 마냥 웃고 있는 것 또한 불안감이나 스트레스를 제대로 해결하지 못하는 상황일 수 있다.

일상생활에서 가짜 성숙한 아이를 구별할 수 있는 방법은 또 있다. 또래집단과 갈등을 어떻게 해결하느냐를 살펴보면 아이의 성숙도를 금세 알 수 있다.

같은 장난감을 갖고 놀고 싶어 하는 세 아이가 있다고 하자. 이런 상황에서는 그 장난감을 차지하기 위해 아이들 사이에 충돌이 일어날 수밖에 없다. 그런데 그중에서 한 명은 친구들과의 충돌을 피하기 위해 그 장난감을 아예 포기했다. 자연스럽게 나머지 두 아이가 장난감을 두고 경쟁을 벌이게 되었다. 그중 힘이 좀 세어 보이는 한 아이가 장난감을 차지해버리자 다른 한 아이가 울음을 터트리며 엄마에게 달려가 떼를 부리기 시작했다. 자, 그렇다면 이 셋 중 어떤 아이가 가장 성숙한 아이일까?

결론부터 말하자면, 이 중에서 성숙한 아이는 없다. 성숙한 아이는 이런 상황에서 갈등을 해결하기 위해 갖은 묘안을 짜낸다. 그래서 친구들에게 너 한 번, 나 한 번 가지고 놀자고 제안한다. 그런데 상대가 너무 세게 나온다 싶으면 너 두 번, 나 한 번 가지고 노는 것은 어떠냐고 한 발 정도 양보하는 아량을 베풀기도 한다. 이렇게 해서 원하는 것도 얻고 친구와의 관계도 돈독하게 만드는 지혜를 발휘하는 것이다.

마지막으로 아이의 도덕성을 통해 성숙도를 살펴볼 수도 있다. 유아기의 도덕성은 공감능력과 연장선상에 있다. 유아기 아이들은 남들을 위해 내가 지켜야 할 규칙이 있다는 것을 인지적으로 완전히 이해하지 못한다. 그러므로 왜 나쁜 행동을 하면 안 되는지, 지켜야 할 규칙은 무엇인지에 대해 아무리 설명해도 지적으로 수긍할 리가 없다. 그런데 유아기 아이들도 도덕성을 키워나가는 아주 특별한 방법이 있다. 바로 공감능력, 즉 타인의 감정에 동조하고 이해하는 능력을 통해서다.

공감능력이 발달한 아이는 함께 놀다가 다툼이 일어나더라도 친구에게 해를 가하지 않는다. 왜냐하면 내가 때리거나 할퀴면 그 아이가 많이 아플 거라는 것을 예상할 수 있기 때문이다. 다른 사람의 물건을 함부로 빼앗거나 마음 아픈 말로 상처를 주지도 않는다. 자신이 그런 행동을 했을 때 상대방이 얼마나 슬퍼할지 잘 알고 있는 것이다. 그래서 공감능력을 통해 아이들의 성숙도를 확인할 수 있다.

요즘 학교에서는 왕따와 학교폭력 문제 때문에 몸살을 앓고 있다. 왕따와 학교폭력 문제 또한 공감능력이 떨어지는 아이들 사이에서 벌어지는 일이다. 왕따를 당하는 아이가 얼마나 외롭고 절망스러울지, 폭력을 당하는 아이가 얼마나 아프고 고통스러울지에 대해 공감을 한다면 절대로 일어날 수 없는 문제들이다.

그 시작은 유아기부터다. 아이들이 평생 가지고 살아가야 할 인성과 품성은 유아기 때부터 만들어진다. 그러므로 이 시기는 지식보다 지혜를 키워나갈 수 있는 기회를 많이 제공해줘야 한다. 공부는 그다음에 해도 늦지 않다.

이럴 때 가짜 성숙을
의심하라

가짜 성숙한 아이는 이것이 부족하다

'별일 아닌 일에도 버럭 화를 내거나 거친 욕설을 내뱉는다.'

'주변 사람들이 어떻든 내 입장만 생각하고 마음대로 행동한다.'

'사람들과 어울려 노는 것이 귀찮고 불편하여 혼자서 시간을 보내는 것을 좋아한다.'

'친구를 때리거나 놀리는 등 또래 아이들을 괴롭히는 행동을 서슴지 않고 한다.'

'도덕적으로 옳은 판단을 내리지 못해 마땅히 지켜야 할 규칙과 질서를 무시한다.'

'다른 사람을 존경하거나 배려하는 마음이 지극히 부족하다.'

‘부정적 감정이 생길 때 그것을 어떻게 처리해야 할지 몰라 파괴적인 모습을 보인다.’

가짜 성숙한 아이들의 특징을 늘어놓으라고 하면 정말 한도 끝도 없다. 여러 가지 문제행동을 동시에 보이는 아이도 있고, 문제행동 한 가지가 유난히 두드러지게 나타나는 아이도 있다. 세상의 문제란 문제는 다 안고 사는 듯 보이는 심각한 아이도 있다.

가짜 성숙한 모습이 어떻게 나타나는지는 각기 다르지만 가짜 성숙한 모습을 보이는 데는 공통적인 원인이 있다. 바로 사회성 발달과 정서발달이 크게 떨어진다는 점이다. 사회성이 떨어지기 때문에 주변 사람들과 원만하게 소통하지 못하고, 정서가 안정되어 있지 않기 때문에 충동적이고 폭력적인 모습을 자주 보이게 된다. 반면, 사회성이 높고 정서가 안정적인 아이는 갈등 상황이나 위기 상황이 닥치면 지혜를 발휘해 긍정적으로 해결해나가는 모습을 보인다. 우리가 바라는 진짜 성숙한 아이의 모습을 유감없이 발휘하는 것이다.

아이의 진짜 성숙을 위해 눈여겨봐야 할 것

가짜 성숙한 아이는 소위 말하는 ‘엄친아’와는 정반대의 모습을 보인다. 사회성이 부족하고 정서가 불안한 상태에서는 엄친아의 필수 조건인 성격 좋고, 인사성 밝고, 적극적인 모습을 보일 수 없기 때문이다.

사회성 부족은 엄친아가 되기 위한 또 하나의 필수 조건인 학업성 적에도 좋지 않은 영향을 끼친다. 사회성이 부족한 아이가 어떤 일을 이루고자 하는 동기나 목표가 확고할 리 없다. 또한 훌륭한 사람의 행동이나 발자취를 본받고자 하는 '모델링'에 대해서도 무덤덤할 테니 공부에 몰입하지 못할 게 분명하다.

안정된 정서 역시 엄친아가 되기 위한 필수 조건이다. 밝고 예의 바른 모습은 당연히 안정된 정서에서 비롯되는 것이다. 또 공부도 기분이 좋을 때 가장 잘된다고 하니 안정된 정서가 학업성적에 끼치는 영향은 이루 말할 수 없다.

다시 말해, 사회성 발달과 정서발달은 아이들의 생활 전반에 큰 영향을 끼친다. 그러므로 아이들의 생활 전반을 두루두루 살피면 내 아이가 사회성 발달과 정서발달이 온전히 이루어지며 진짜 성숙하게 성장하고 있는지를 확인할 수 있다.

간혹 친하게 지내는 친구의 수가 몇 명이나 되는지를 가지고 사회성이 높은지 낮은지 따지는 사람들이 있다. 그러나 그 기준은 대단히 무모하고 위험하다. 오히려 아무런 의미 없이 여러 명을 사귀는 것보다 한 명을 사귀더라도 오랫동안 깊이 있게 사귀는 쪽이 사회성 면에서 더 높은 점수를 줄 수 있다.

정서적인 면을 확인할 때도 주의해야 할 점이 있다. 얌전하고 징징

거리지 않고 말 잘 듣는 아이일수록 정서가 안정되어 있을 것이라는 크나큰 오해와 편견에 사로잡힐 수 있기 때문이다. 오히려 정서발달이 안정된 아이들은 자신의 감정과 생각을 솔직하게 드러내고 갈등을 건강하게 해결해나가는 특징을 보인다. 너무나 얌전하고 말 잘 듣는 아이는 오히려 불안정한 정서로 인해 소극적이고 수동적인 모습을 보이는 것일 수도 있다.

그렇다면 아이의 사회성 발달과 정서발달이 건강하게 이루어지고 있는지는 무엇을 보면 알 수 있을까? 의외로 그 해답은 쉽다. 매의 눈으로 일상생활을 세심히 관찰하면 몇몇 특징적인 면모를 발견할 수 있기 때문이다. 다음과 같은 경우가 사회성이 떨어지고 정서가 불안정한, 그래서 가짜 성숙해지고 있는 아이들이 보여주는 전형적인 모습들이다.

일곱 번 넘어져도 여덟 번 일어나는 힘, '회복탄력성'이 부족하다

살아가다 보면 크고 작은 역경과 직면하게 된다. 그 역경을 현명하게 극복했을 때 한 뼘 훌쩍 커 있는 자신과 만날 수 있다. '실패는 성공의 어머니', '위기는 성공의 발판'과 같은 말들도 그런 의미로 만들어졌을 것이다.

그러나 역경에 직면했을 때 누구나 강해지고 현명해지는 것은 아니다. 똑같은 상황이어도 누군가는 그것을 꼭 넘어야 할 산이라고 생각하지만, 누군가는 왜 나한테는 재수 없는 일만 생기냐고 투덜거린다. 넘어야 할 산이라고 생각하는 사람은 당연히 그것을 극복하기 위해 강한 의지와 긍정적인 에너지를 발산할 것이다. 반면, 재수 없는 일이라고 생각하는 사람은 회피하거나 포기할 것이 뻔하다.

준비물을 안 가져와서 선생님에게 야단을 맞은 두 아이를 보자. 회복탄력성이 높은 아이는 준비물을 안 가져온 것은 분명히 잘못한 일이므로 그 상황을 겸허히 받아들인다. 또한, 선생님에게 야단을 맞은 것을 계기로 다음부터는 준비물을 꼭 챙겨오겠다고 다짐을 한다.

그러나 회복탄력성이 낮은 아이는 준비물을 안 챙겨준 엄마를 원망하고 아이들 앞에서 창피를 주는 선생님을 미워한다. 야단을 맞은 이유를 파악해 그것을 개선해나가는 것이 아니라 야단을 맞았을 때의 불쾌하고 창피했던 기억만 떠올리며 속앓이를 하는 것이다.

공부를 할 때도 마찬가지다. 회복탄력성이 높은 아이는 어려운 문제를 만나도 포기하지 않고 끝까지 해결하기 위해 노력한다. 이런 아이들은 실패를 하더라도 다시 일어날 수 있는 에너지가 있기 때문에 어려운 문제에 도전하는 것을 두려워하지 않는다. 어려운 문제를 해결해서 성취감을 맛보면 학습에 대한 흥미도 올라가고 자신감도 충만해진다. 그리고 이런 과정을 거친 아이의 회복탄력성은 더더욱 높아진다.

그러나 회복탄력성이 낮은 아이는 어려운 문제를 만나면 금세 의욕을 잃고 포기해버린다. 이런저런 공식이나 개념을 대입해보려는 시도도 하지 않는다. 이런 아이들은 뭔가가 잘 안 되고 어려우면 그것을 회피하고 외면해버리기 때문에 변화도 없고 성장도 없다.

성공하는 사람들은 어려운 상황에 처했을 때 그것을 슬기롭게 헤쳐나갔다는 공통점을 가지고 있다. 그렇게 할 수 있는 힘은 회복탄력성에서 나온다. 사람은 어려움에 처했을 때 그것을 극복하고 평정심을 되찾을 수 있는 힘이 있다. 마치 용수철이 줄어들거나 늘어났다가도 금세 원래 모양으로 되돌아오는 탄력성을 가지고 있는 것처럼 말이다.

그런데 이 회복탄력성이 누구에게나 똑같이 자리 잡고 있는 것은 아니다. 사회성이 높고 정서가 안정된 사람, 즉 성숙한 사람은 자신의 감정을 잘 조절할 수 있고 매사 긍정적으로 생각하며 자신감과 도전의식이 충만하다. 이것이 바로 회복탄력성의 원동력이 된다.

회복탄력성은 좌절이나 실패, 갈등의 상황에서 위력을 발휘한다. 만약 내 아이가 이런 상황에 처했을 때 회복탄력성이 크게 떨어지는 모습을 보인다면 가짜 성숙을 의심해볼 만하다.

목표를 향해 나아가는 힘, '자기주도성'이 떨어진다

책이나 TV에 등장하는 드림워커들을 보면, 정해진 틀 안에서 안주하기보다 자신의 삶을 주도적으로 개척해나갔다는 공통점이 있다. 때로는 반대에 부딪치고 장애물을 만날 때도 있었지만 그조차도 목표를 이루어나가는 과정이라고 생각하고 기꺼이 받아들인 것이 성공의 비결이었다.

옛날 같으면 주어진 환경에 순응하며 사는 것을 미덕으로 여겼겠지만, 요즘은 자기 인생을 자신이 주도적으로 개척해나가는 것을 성공의 핵심 열쇠로 꼽고 있다. 그래서 요즘 엄마들은 자녀를 자기주도적인 아이로 키우는 것을 목표로 삼고 있다.

자기주도적인 아이는 어디에서나 빛을 발한다. 무엇을 하든 자신감이 넘치고 최선을 다해 열심히 하려는 모습을 보인다. 또 자신의 생각을 주변 사람들에게 확실히 전달하면서 주변 사람들이 원하는 것을 포용하는 능력도 뛰어나다. 밝은 표정과 긍정적인 태도도 아이를 돋보이게 하는 데 한몫한다.

왠지 자기주도적인 아이는 독불장군일 것 같지만 오히려 친구들이나 선생님의 이야기에 귀를 더 잘 기울이기 때문에 사랑을 듬뿍 받는다. 자신의 일을 열심히 하면서 다른 친구들에게 기꺼이 도움을 주는 것도 자기주도적인 아이들이 사랑을 받는 이유다.

그런데 가짜 성숙한 아이들은 자기주도적인 모습을 찾아볼 수 없다. 내 인생의 주인이 되어 내가 갈 길을 스스로 선택하고 최선을 다하는 것은 뛰어난 사회성과 안정된 정서가 반드시 동반되어야 하기 때문이다. 가짜 성숙한 아이들은 이 두 가지가 절대적으로 부족하기 때문에 자기주도적인 모습을 보이기 힘든 것이다.

환경에 따라 유연하게 대처하는 힘, '자아정체감'이 모호하다

TV 드라마를 보고 있노라면 이혼이나 실직, 사업부도 등을 겪고 나서 크게 방황하는 사람들이 종종 등장한다. 그들은 충격을 이기지 못해 알코올중독에 빠지기도 하고 극단적인 선택을 하기도 해서 시청자들을 안타깝게 한다.

그런데 현실에도 주변 환경이 변하면 거기에 적응하지 못해 자포자기하고 폐인처럼 지내는 사람들이 적지 않다. 이런 사람들은 자아정체감이 부족하기 때문에 변화에 유연하게 대처하지 못하는 것이다.

자아정체감이란, 내가 누구이며 가정과 사회에서 나의 역할이 무엇인지에 대해 인식하는 것을 말한다. 독일 출신의 미국 정신분석학자 에릭슨(E. Erikson)은 자아정체감을 자아발달의 최종 단계라고 정의하기도 했다.

자아정체감이 확고한 사람은 나의 역할이 무엇인지를 정확히 인식하고 있기 때문에 주변 환경이 변해도 흔들리지 않고 자신의 자리를 지킨다. 반면, 자아정체감이 부족한 사람은 나의 역할이 무엇인지를 정확하게 인식하지 못해 주변 환경이 변하면 자신의 역할에 대해 큰 혼란을 느낀다. 그래서 좌절하고 방황하게 되는 것이다.

아이들은 각각의 집단에서 서로 다른 역할을 담당한다. 우선 가정에서는 아들 혹은 딸의 역할을 맡게 된다. 학교에서는 학생으로 살아간다. 또래끼리 모이면 그들에게는 친구가 되고, 동생과 함께 있으면 그들의 언니, 오빠가 된다. 누구와 있느냐에 따라 역할이 달라지는 것이다. 역할이 달라지면 생각이나 행동, 언어 등도 그에 맞춰 모두 바꿔야 한다.

상대에 맞게 자아를 유연하게 변화시켜야 언제 어디서든 자신의 역할에 충실할 수 있다. 그것을 가능하게 하는 것이 바로 자아정체감이다. 자아정체감이 강한 아이는 어떤 역할이 주어지든 행동 전환이 빠르기 때문에 주변 환경이 바뀌어도 금세 적응하고 원만하게 지낼 수 있다.

반면, 자아정체감이 낮은 아이는 상황이 변하고 상대방이 달라져도 일관된 입장을 고수한다. 자아가 고착되어 변화에 유연하게 대처하지 못하는 것이다. 그래서 이런 아이들은 매우 고집스럽고 융통성도 없다. 학교에서 선생님을 대할 때 부모에게 하듯이 어리광을 부리고, 친구들을 대할 때 동생에게 하는 것처럼 일방적으로 이끌려고 한다면 어느 누구에게 환영받을 수 있을까?

상황에 따라 자아가 바뀌는 것이 오히려 정체성이 없는 사람들의 특징처럼 느껴질 수도 있다. 그러나 그것은 오산이다. 상황에 따라 유연하게 대처할 수 있는 것은 내가 누구인가를 정확하고 일관되게 인식하고 있기 때문에 가능한 일이다. 그래서 환경의 변화에 따라 나의 역할이 달라져도 흔들리지 않고 안정감을 느낄 수 있는 것이다.

자아정체감은 사회적으로 자신의 위치를 정확하게 인식하고 있을 때 발휘될 수 있다. 그러므로 높은 사회성이 필수적으로 동반되어야 한다. 또한, 주변 환경을 편안하고 긍정적으로 받아들여야 자신에게 주어진 역할을 거뜬히 해낼 수 있으므로 정서적인 안정이 크게 좌우한다. 그래서 아이의 성숙도와 자아정체감은 긴밀한 관계를 유지할 수밖에 없다.

가짜 성숙한 아이는
만들어진다

발달을 거스르면 가짜 성숙해진다

아기가 갓 태어났을 때는 먹고 자고 우는 것이 생활의 전부다. 그래서 먹고 싶을 때는 먹이고 자고 싶을 때는 재우면 된다. 또 아기가 울 때는 우는 이유를 찾아 그것을 해소해주면 된다. 그것만으로도 아기는 마냥 편안하고 행복할 수 있다.

거기에서 조금 더 성장한 영아들은 엄마(주양육자)를 통해 세상을 하나하나 배워나간다. 영아들에게 엄마는 곧 세상이기 때문에 엄마와 나눈 교감은 타인에 대한 신뢰의 바탕이 되어 사회성의 핵심이 된다.

따라서 이 시기에는 엄마와 충분한 정서적 교감을 나누어 안정된 애착을 형성하는 것만큼 중요한 것이 없다. 이런 이유로 영아기에는 주양육자와 안정적인 감정교류를 하지 못할 때 가장 심한 스트레스를 받게 된다. 주양육자가 자주 바뀌는 것 또한 아이에게 심한 스트레스를 줄 수 있다.

유아기에 접어들면 아이는 엄마 품에서 한 발짝 더 나아가 주변 어른, 교사, 친구들과의 관계를 통해 세상을 배운다. 기본적으로 이 시기의 아이들은 호기심이 왕성하고, 매사를 자기중심적인 눈으로 바라보기 때문에 일생에서 가장 창의적인 사고를 하게 된다. 그러므로 이 시기에는 오감을 모두 동원하는 자극과 비교적 우호적인 대인관계가 필요하다. 너무 엄격한 부모, 공격적인 형제나 친구, 때 이른 글자 공부 등은 유아의 발달에 부적절한 환경이다.

학령기에 접어든 아이들은 가정을 벗어나 학교생활을 통해 또래관계의 폭을 넓혀나간다. 이때는 주변 환경과 상호작용하고 조직 속에서 바람직한 규범과 가치관을 습득하면서 사회성을 기르게 된다. 그래서 이 과정을 '사회화 과정'이라고 한다.

이 시기에 제대로 된 사회성을 기르지 못하면 성인이 되어서도 사회 구성원으로서 적응하지 못하는 모습을 보인다. 만약 학교에서 지나치게 경쟁적으로 점수만을 따지거나 폭력적인 상황이 자주 발생하면 마음에 지울 수 없는 상처를 남겨 사회성에 흠집이 생긴다. 친구들의 따돌림, 교사의 무관심 또한 사회에 대한 불신을 심어줄 수 있다.

이처럼 단계적으로 차근차근 성장해나가면 아이들의 성숙은 아주 자연스럽게 이루어져서 마음이 건강한 아이로 자랄 것이다. 그런데 어느 순간부터 우리 사회에는 자연스러운 성숙을 방해하는 요소들이 너무 많아졌다.

영유아기 때부터 시작되는 조기교육은 잼잼, 까꿍놀이를 하며 엄마와 감정교류를 해야 할 아이들에게 영어비디오를 강요하고 있다. 스스로 호기심에 이끌려 세상을 탐색해야 할 유아기에는 한글과 수학 학습지에 시달리고, 심지어 스마트폰을 친구 삼아 놀고 있다.

학령기 아이들은 또 어떤가. 또래관계를 통해 사회성을 키워야 할 시기에 선행학습이라는 굴레에 갇혀 이 학원 저 학원을 전전하는 신세가 되고 말았다. 친구와 우정을 쌓기는커녕, 살벌한 경쟁을 하고 서로 따돌리고 있는 것이다. 그러니 정해진 순리를 거슬러도 한참 거스르고 있는 셈이다.

시냇물은 강물을 거쳐 바닷물로 흘러들어 간다. 커다란 바위는 깨져서 돌덩이가 되고, 돌덩이는 돌멩이 여럿으로 나뉘었다가 자갈돌이 되고 다시 모래알이 된다. 그것이 그들에게 주어진 순리다.

사람에게도 정해진 순리가 있다. 그 순리를 따라 성장해야 성숙한 사람이 될 수 있다. 순리를 거스르는 그 순간부터 아이의 가짜 성숙은 시작된다.

놀이를 멀리하면 가짜 성숙해진다

지능은 매우 우수한 편이었으나 사회성 점수는 형편없었던 중학교 1학년 남자아이가 있었다. 아이의 부모는 맞벌이를 하는 교사 부부였다. 아이를 키우는 외중에도 석사 학위, 박사 학위를 딸 만큼 열정적인 부부였다. 그러나 그 사이 아들은 방치되어 아주 어릴 때부터 TV나 비디오를 보면서 외롭고 따분한 일상을 견뎌야 했다.

외로움과 따분함을 달래주기 위해 이런저런 학원을 보냈지만 오히려 아이의 반발만 불러일으켰다. 아이는 자기 자신을 위로해줄 도구로 컴퓨터를 택했고, 컴퓨터에 빠져들면서 주변 사람들과의 관계를 아예 단절시켜버렸다. 물론 그중에는 부모도 포함되어 있었다.

아이를 치료하기 위해 가장 먼저 컴퓨터를 차단해야 했다. 그러나 생각처럼 쉽지는 않았다. 컴퓨터를 못 하게 하자 아이는 담당의사인 내게 욕을 퍼부으며 과격한 반응을 보였다. 집에서는 컴퓨터를 못 하게 하면 엄마에게 폭력을 휘두르기까지 한다고 했다.

결국 이 아이는 한 달간 입원치료를 할 수밖에 없었다. 엄마에게도 휴직을 하고 아이의 회복을 도울 것을 권유했다. 약물과 더불어 아이에게 처방되었던 치료 방법은 바로 '유아적 놀이활동'이었다. 색종이를 가지고 어느 날은 개구리를 접고 어느 날은 학을 접었다. 고무찰흙으로 만들어보고 싶은 것을 마음껏 만들어보라는 미션을 준 적도 있었다.

"이게 대체 무슨 꼴이에요. 내가 나이가 몇인데 이런 걸 하고 있냐고요."

아이의 입에서는 연신 이 말이 나왔지만, 표정에는 즐거움과 호기심이 가득했다. 어느 날은 간호사들과 함께 투호를 했는데, 투호가 참 재미있었는지 다음 상담 때 스스로 '전래놀이'를 검색해 와서는 팽이놀이와 제기차기도 해보고 싶다고 먼저 제안하기도 했다. 또 어느 날은 엄마 등에 업혀보고 싶다는 바람을 전하기도 했다.

"내가 이런 거 하고 있는 거 보면 친구들이 정말 한심하게 생각하겠죠? 재미있기는 한데 너무 창피해요."

그래서 내가 대답했다.

"아니야. 네가 어렸을 때 이런 놀이를 못 해봐서 지금 게임에 푹 빠져 헤어나오지 못하는 거야. 진작 어렸을 때부터 재미있는 놀이를 하면서 사람들이랑 어울렸으면 좋았겠지만, 지금이라도 마음껏 해보면서 즐거움과 행복을 스스로 찾을 수 있는 힘을 기르면 돼."

한 달간의 입원치료와 이후 6개월간의 상담치료 끝에 아이는 컴퓨터 없이도 행복하게 웃을 수 있는 건강한 모습을 되찾았다. 컴퓨터를 못 하게 한다고 잔뜩 일그러진 얼굴로 내게 욕설을 퍼붓던 아이가 어디에 갔나 싶을 정도였다.

아이들은 친구들과 어울려 놀 때 정말 행복해진다. 그런데 행복한 것에서 끝나는 것이 아니라 그 속에서 많은 규칙을 배우게 된다.

잘 알다시피, 친구관계는 아이들이 본격적으로 만나게 되는 첫 번째 사회집단이다. 친구와 어울려 놀며 아이들은 대인관계의 기초를 쌓게 된다. 사소한 놀이에도 지켜야 할 약속이 있기 때문에 저절로 규칙에 대한 개념도 생겨난다. 친구가 다치거나 속상해하는 일이 있을 때 위로해주며 공감능력도 키울 수 있다. 그 과정에서 지극히 자기중심적이었던 아이들은 서서히 건강한 사회의 구성원으로 다듬어진다.

그래서 친구들과 어울려 놀았던 경험이 적은 아이들은 단체생활에서 어려움을 겪는다. 친구들과 어울리는 방법을 모르니 새로운 친구를 사귀는 것이 쉽지가 않기 때문이다. 친구를 사귀더라도 사소한 갈등도 풀지 못하고 무조건 토라지거나 울음을 터트리는 바람에 아이들 사이에서 떼쟁이, 고집쟁이로 통하기 일쑤다.

친구들의 마음을 아프게 하는 말을 아무렇지 않게 하거나, 툭하면 폭력을 써서 친구들로부터 기피대상이 되는 경우도 있다. 실제로 친구들로부터 따돌림 당하는 아이들 중에는 사회성이 떨어져서 또래들과 조화를 이루지 못하는 경우가 매우 많다.

주변 사람들과 조화롭게 어울리며 살아가는 방법은 부모도 교사도 가르쳐줄 수 없다. 그것은 사람들 사이에서, 특히 또래 친구들과 직접 부딪치며 다져나갈 때 가장 쉬우면서도 확실하게 배울 수 있다.

놀이를 빼앗겼다는 것은 곧 사람들과 어울리는 요령을 터득할 기회를 빼앗긴 것과 같다. 그래서 놀이가 없는 아이의 일상은 가짜 성숙을 부추기게 된다.

공감받지 못한 아이는 가짜 성숙해진다

날씨가 추운 날, 어떤 사람이 반팔 차림으로 거리를 활보하고 있다고 가정해보자. 그를 본 사람들은 아마도 이런 생각을 할 것이다.

'너무 춥겠다. 옷 좀 단단히 껴입고 나오지. 감기라도 걸리면 어쩌려고.'

또 어떤 사람이 뙤약볕 아래에서 열심히 일을 하고 있다면 이런 생각이 들 것이다.

'오늘같이 더운 날 일하느라고 힘들겠네. 물이라도 마시면서 하지.'

내가 직접 그 상황에 처해 있는 것이 아니더라도 우리는 상대방이 처한 상황에 감정이입을 하며 행동이나 감정을 예측하고 분석할 수 있다. 이게 바로 인간의 공감능력이다. 상대방의 마음을 읽고 느끼는 공감능력 덕분에 함께 기뻐하고 함께 슬퍼하면서 역지사지를 할 수 있는 것이다.

사람들에게 공감능력이 있다는 건 이 기능을 담당하는 미러뉴런(거울뉴런)의 존재가 밝혀지면서 신경학적으로 증명되기까지 했다. 다른 사람이 어떤 행동을 하는 것을 바라만 보고 있어도 내 뇌 속에서 마치 그 행동을 하는 것과 유사하게 신경세포가 활성화된다는 사실을 뇌영상 연구로 밝힌 것이다.

예를 들어, 타인이 이를 닦는 모습을 볼 때 내 머릿속에서도 이를 닦을 때 쓰이는 신경에 반응이 오게 된다. TV 드라마나 영화에 몰입하는 것, 스포츠 경기를 보면서 짜릿한 승부의 세계를 맛보는 것도 모두 미러뉴런이 있기 때문에 가능한 일이다.

즉 인간은 본능적으로 공감이 가능한 미러뉴런을 타고난다고 볼 수 있다. 이 능력은 모두가 공평하게 타고나지만, 이후에 그것이 더 발달하느냐 퇴보하느냐는 양육환경에 따라 크게 달라진다. 미러뉴런의 기능은 어려서부터 엄마가 아이의 기분에 맞추어 공감을 해줘야만 제대로 활성화되기 때문이다.

아기가 뭔가 불편해서 울고 있을 때를 생각해보자. 이때 엄마가 함께 고통스러운 표정을 지으면 아이는 '아, 이게 불편한 거구나. 엄마의 불편한 표정을 보니……' 하고 본능적으로 알게 된다. 기쁠 때도 마찬가지로, 아기는 엄마가 기쁜 표정으로 공감하는 것을 보며 그 감정이 어떤 것인지 알고 반응하게 된다. 그래서 엄마로부터 공감을 받으며 성장한 아이는 자연스럽게 다른 사람의 행동을 이해하고 존중하게 된다.

반면, 아기가 불편해서 울고 있을 때 외면하거나 시끄럽다고 야단을 치면 아이는 불편한 감정이 뭔지, 그것을 어떻게 해소해야 하는지를 배울 길이 없다. 그래서 다른 사람의 고통을 보아도 무덤덤하게 반응을 하는 것이다.

또 아기가 기뻐서 웃고 있는데 우울증에 빠진 엄마가 시무룩하게 반응한다면, 아이는 기쁜 감정을 다른 사람과 공유하고 공감하는 능력을 갖출 수 없게 된다. 이런 아이는 타인의 부정적 감정에만 공감하게 되어 성인이 되면 우울증에 쉽게 빠질 수 있다.

이처럼 아이의 공감능력을 좌우하는 미러뉴런은 영아기 때부터 엄마가 아기의 감정에 어떻게 반응했느냐에 따라 크게 달라진다. 그러므로 이 시기는 엄마가 아이와 눈을 맞추고 아이의 감정에 정확하게 반응하는 것이 가장 중요하다.

물론 엄마 중에는 기질적으로 아이의 감정에 무딘 사람이 있을 수 있다. 사실 엄마도 미러뉴런이 발달해야 아이의 기분을 빨리 읽고 적극적으로 대처할 수 있다. 아이의 표정만 봐도 무엇을 원하는지 알 수 있고 아이의 울음소리만 들어도 어디가 아픈지 아는 것 또한 미러뉴런에서 이루어지는 일이기 때문이다.

아이와 공감하지 못하는 엄마는 자신도 어렸을 때 그 부모로부터 공감을 받지 못하고 자랐을 가능성이 크다. 경험도 없고 방법도 모르는 탓에 아이의 반응에 어떻게 대처해야 하는지 모르는 것이다. 게다가 자신이 공감능력이 부족하다는 사실조차 잘 모르는 경우가 대부분이다.

그래서 아이와 친근하게 정서적 교류를 나누는 것보다 겉으로 확연히 드러나는 활동이나 학습에 열을 올리며 스스로 잘하고 있다고 만족한다. 또한 아이가 공감능력이 부족하여 친구들에게 따돌림 받을 때도 '우리 아이는 똑똑해서 독서에 몰두하느라 친구들과 뛰어놀지 않는구나'라고 헛짚기까지 한다.

공감능력은 사회성 발달의 밑거름이 된다. 어느 누구도 타인을 배려하지 않고 제멋대로 행동하는 사람을 좋아할 리 없기 때문이다. 그래서 가짜 성숙한 아이들이 사회성이 크게 떨어지는 데는 공감능력의 부재가 큰 영향을 끼칠 수밖에 없다.

정서 조절 방법을 배우지 못하면 가짜 성숙해진다

간혹 엄마들의 모임에 참석할 일이 생긴다. 엄마들이 모이면 늘 화제의 중심에는 아이들이 있다. 특히 젊은 엄마들은 우는 아기를 달래는 방법에 대해 열을 올린다.

"어제는 새벽 3시까지 안 자고 우는데 정말 미치겠더라고요."

누군가가 화두를 꺼내기라도 하면 저마다 자신만의 노하우로 한마디씩 거든다. 그런데 우는 아기를 달래는 방법이 참 각양각색이다.

“나는 애가 울 때 그냥 방에 혼자 두고 거실에 나와 있어요. 그러면 울다가 지쳐 잠들더라고요. 처음에는 울음 시간이 길었는데 그렇게 하니까 점점 우는 시간이 짧아지던걸요.”

“나는 그냥 비디오를 틀어줘요. 자기가 좋아하는 캐릭터가 나오면 금세 울음을 그치니까 서로 편한 일 아니겠어요.”

“우리 애는 스마트폰이 완전 특효약이에요. 울다가도 스마트폰으로 노래를 틀어주거나 동영상을 틀어주면 뚝 그쳐요.”

“에이, 그래도 아이가 울 때는 다 그럴 만한 이유가 있을 텐데 품에 안고 보듬어줘야지요. 나는 아이가 울면 엉덩이를 토닥거리면서 노래를 불러줘요. 그러면 얼마 안 있어 울음소리가 잦아들기 시작해요.”

“업는 게 최고야. 업고 위아래로 살짝 흔들어주면서 걸어 다니면 울음소리가 금세 웃음소리가 돼.”

주로 얼마나 빠른 시간 안에 아이의 울음을 그치게 했는지에 관심이 집중된다. 그런데 사실 아이의 울음을 달래줄 때 얼마나 빨리 그치게 했느냐보다 어떻게 그치게 했느냐가 훨씬 중요하다. 그것이 아이의 정서발달에 결정적인 영향을 끼치기 때문이다.

정서발달은 태어나서부터 4살까지가 아주 중요하다. 이때 주양육자나 부모가 아이의 감정에 긍정적으로 반응하고 적절하게 대처하면 아이는 감정이 풍부하고 감정 조절에도 능한 성숙한 아이로 성장하게 된다.

아이가 마구 보챌 때 엄마가 안아주고 토닥여주고 노래를 불러주면 아이는 곧 울음을 멈춘다. 이것은 안정감을 되찾아 정서적으로 편안한 상태가 되었다는 것을 의미한다. 이런 경험을 통해 아이들은 '기분이 나쁠 때는 몸을 좀 흔들고 노래를 부르면 좋아지는구나'라는 생각을 하게 된다. 이런 식으로 스스로 감정을 조절하는 방법을 터득하는 것이다.

어렸을 때 터득한 감정 조절 방법은 성인이 되었을 때도 아주 유용하게 활용된다. 기분이 적당히 나쁘거나 외로울 때 노래를 한바탕 신나게 부르고 나면 다시 기운이 나지 않는가? 바로 이 방법이 아기 때 엄마로부터 배운 것이다. 그래서 나는 우리나라에서 노래방 문화가 유행하는 게 엄마들의 힘이라고 생각한다. 몸을 흔들고 노래를 부르면 기분이 좋아진다는 사실을 아주 어렸을 때부터 엄마가 알려준 것이나 다름없기 때문이다.

또 한 가지 좋은 예가 있다. 아이들이 보챌 때 엄마들은 신기한 물건을 가리키면서 "이것 좀 봐"라며 아이의 관심을 돌리려 호들갑을 떨기도 한다. 이런 행동 역시 아이에게 감정 조절의 한 방법을 알려주는 과정이 된다.

보통 어떤 일로 인해 기분이 좋지 않을 때 계속 그 일만 생각하면 부정적인 감정에서 헤어나오기가 힘들다. 그래서 다른 일로 관심을 돌리면서 기분을 전환해야 한다. 관심을 다른 데로 돌리면서 울음을 그치곤 했던 아기 때의 경험은 바로 이때 힘을 발휘한다. 기분이 좋지 않을 때 건전하게 스트레스를 푸는 방법을 찾아 기분을 전환하는 훈련을 충분히 해보았기 때문이다.

이처럼 엄마의 살뜰한 돌봄은 단지 울음을 멈추게 하는 데서 그치지 않고 훗날 아이의 감정 조절 능력에도 커다란 영향을 미칠 수 있다. 그런데 어느 순간부터 아이가 칭얼댈 때 좋아하는 캐릭터가 등장하는 비디오를 틀어주거나 스마트폰을 건네주는 것이 당연시되고 있다. 보채던 아이가 울음을 딱 그치니 그보다 더 훌륭한 육아도우미가 없는 셈이다.

어린 시절에 감정을 조절할 수 있는 방법을 배울 수 있는 유일한 존재로부터 가르침을 받지 못하고 이 역할을 스마트폰이 대신했으니 정서발달에 문제가 생기는 것은 당연한 일이다. 그래서 순간의 감정을 조절하지 못해 별일 아닌 일에도 과격한 반응을 보여 주변 사람들과 마찰을 일으키거나, 그래도 기분이 풀리지 않으면 디지털 기기에 매달리는 성숙하지 못한 어른이 되는 것이다.

결국 가짜 성숙한 아이들의 파괴적인 말과 행동은 정서가 제대로 발달되지 않은 탓이라고 할 수 있다. 그리고 그 단초를 제공한 사람은 아이의 주양육자인 것이다.

디지털 기기에 일찍 노출될수록 더욱 가짜 성숙해진다

앞에서 이야기했다시피 발달을 거스른다든지, 놀이를 멀리한다든지, 성장과정 중에 부모로부터 공감받지 못했거나 감정 조절 방법을 배우지 못한 아이들은 가짜 성숙한 모습을 보인다. 그런데 무엇보다 아이들의 진정한 성숙을 방해하는 강력한 주범이 있으니, 그것이 바로 디지털 기기다. 디지털 기기의 종류는 여러 가지가 있겠으나 그중에서도 특히 아이들에게 독이 되는 것은 TV(비디오 포함)와 컴퓨터, 스마트폰, 태블릿PC 같은 것들이다.

디지털 기기가 아이들이 성숙하게 성장하는 데 얼마나 큰 생채기를 내는지는 아이들이 가짜 성숙해지는 이유와 연결해서 생각해보면 금세 짐작이 가고도 남는다.

디지털 기기는 아이의 욕구를 비디오의 재생버튼, 마우스의 클릭, 스마트폰의 터치 동작 한 번으로 충족시킨다. 아이들이 좋아하는 캐릭터, 화려한 움직임, 선명한 색채, 생생한 소리들이 쏟아져 나오기까지는 채 몇 초가 걸리지 않는다. 이렇게 간단한 동작만으로 원하는 것을 즉각 얻을 수 있는 아이들은 당연히 디지털 기기에 푹 빠져버릴 수밖에 없다. 심심할 때, 기분이 좋지 않을 때마다 무엇보다 신속하게 나를 즐겁게 하고 위로해주는 TV, 컴퓨터, 스마트폰이 있는데 얼마나 신나고 든든할까. 더구나 욕구 조절 능력과 절제력이 부족한 아이들에게는 이 작은 기계가 손에서 놓을 수 없는 흥밋거리임은 당연하다.

그러나 아이들에게 거부할 수 없는 즐거움을 선사하는 디지털 기기는 그만큼 결정적인 허점이 있는데, 그것은 바로 모든 활동을 '간접적으로' 체험하게 한다는 점이다. 즉 앞서 이야기한 이론적 지식인 '기노스코'에 머물게 한다는 점이 가짜 성숙을 부추기는 것이다.

검색창에 '개구리'라는 단어 하나만 넣으면 개구리의 모습을 담은 사진, 개구리의 울음소리를 내는 음성 자료들이 눈앞에 무수히 펼쳐진다. 직접 밖으로 나가 개구리의 살갗이 얼마나 매끈한지, 어떤 날씨에 울음소리를 잘 들을 수 있는지 생생한 체험을 할 필요가 없는 것이다. 다른 사람들이 제공하는 자료를 보고 무조건 수용하고, 그것이 마치 나의 지식인 양 받아들이는 간접적인 체험이 바로 아이들의 경험을 얕게 만들고, 시행착오에서 오는 진정한 깨달음을 차단해버리는 것이다. 이런 이유로 아이들은 헛똑똑이가 되고, 사람들과 감정을 나누고 경험할 기회 역시 적어져 정서발달과 사회성 발달에 지장이 생기는 것이다.

즉 개구리에 대한 호기심에 개울이나 논으로 나가 직접 만져보고 느껴보는 오감의 발달단계가 생략되고, 개구리 잡기 시합을 하고 진흙놀이도 해보는 놀이경험도 잃게 되며, 또래나 가족과 함께 올챙이가 어떻게 개구리의 모습으로 자라는지 관찰하면서 생명의 놀라움을 공유하는 감정교류의 기회까지도 빼앗기게 되는 것이다.

두어 번의 클릭만으로 쉽게 수많은 정보를 얻을 수 있을지는 몰라도, 그 대가로 아이가 나이에 맞게 겪어야 할 생생한 경험을 몇 초 만에 송두리째 빼앗아가는 것이 디지털 기기다. 가장 기초적인 경험을 차근차근 쌓아올려야 하는, 어린 나이의 아이일수록 그 피해가 더 큰 것은 두말할 필요가 없다.

이렇듯 디지털 기기는 여러모로 아이들이 건강하게 성숙해지는 과정을 방해한다. 결국 디지털 기기를 맹신하고, 디지털 기기에 심취해 있는 이 사회가 가짜 성숙한 아이들을 만들어내고 있는 셈이다. 그래서 나는 가짜 성숙이 만연되어 있는 이 심각한 사회현상의 주범을 단연 디지털 기기로 꼽고 있다.

디지털 세상이 아이 마음을 아프게 한다

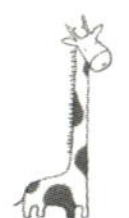

진료실에서 만난
가짜 성숙한 아이들

갑자기 등교를 거부하는 모범생

중학교 2학년 남자아이가 상담을 받기 위해 진료실을 찾아왔다. 적어도 겉모습만으로는 충분히 모범생처럼 보이는 말끔한 모습이었다. 함께 온 아이의 엄마에게 무슨 일로 찾아왔냐고 묻자 엄마는 대뜸 이렇게 대답했다.

"애가 초등학교 때까지는 공부도 잘하고 말도 아주 잘 듣는 착한 아이였거든요. 그런데 중학교에 들어가면서부터 갑자기 컴퓨터게임에 푹 빠지더니 학교에서 돌아오면 밖에도 안 나가고 온종일 컴퓨터에만 매달려 있더라고요. 얼마 전부터는 아예 학교에도 안 가네요. 이 일을 어째요."

　검사 결과, 아이의 아이큐는 138로 또래 아이들보다 매우 우수한 편이었다. 그러나 문제는 사회성 면에서 고스란히 드러났다. 일상적인 사건이 일어나는 순서대로 그림카드를 나열하는 단순한 사회성 테스트조차도 고전을 거듭하던 아이의 사회성 지능 점수는 80점에 겨우 턱걸이를 했다. 지적인 아이큐와 사회성 아이큐의 차이가 58점이라는 것이 놀라울 뿐이었다.

　"왜 갑자기 학교에 다니기 싫어진 거야? 최근에 학교에서 무슨 일이 있었어?"

　내가 묻자 아이는 짜증 가득한 얼굴을 하고는 억지로 한마디 했다.

　"그냥요."

　"그냥이라니. 학생은 학교에 다녀야 하잖아. 그런데 학교에 안 가고 게임만 하는 건 문제가 있다고 생각하지 않니?"

　"내 맘이죠. 내가 그러거나 말거나 무슨 상관이에요?"

　그 모습만 보아서는 초등학교 때까지 말 잘 듣는 착한 아이였다던 아이의 과거가 믿기지 않을 정도였다. 그러나 시간을 두고 좀 더 많은 대화를 나누면서 나는 아이의 진심에 조금 더 가까이 다가갈 수 있었다.

　아이는 어렸을 때부터 조기 영어교육의 열풍 속에서 일찌감치 학습지와 방문교사를 접해야 했다. 유치원도 영어유치원을 다녔고, 유치원이 끝난 다음에는 혹여나 영어유치원에서 한글과 수학을 놓칠까 싶어 따로 학원을 다녔다고 했다.

초등학교에 입학하고 나서부터는 영어와 수학 학원은 기본이고 토론과 논술을 가르치는 학원까지 등록했다. 운동 하나쯤은 제대로 배워야 한다고 해서 수영장도 다녀야 했다. 예체능을 배우면 좌뇌와 우뇌가 균형 있게 발달하여 공부에 도움이 된다는 소식을 접한 엄마는 그 다음 날로 당장 바이올린 학원에 보내기 시작했다. 그러니 아이는 친구를 사귈 시간도 없을뿐더러, 간혹 친구들과 어울릴 기회가 있더라도 어떻게 놀아야 할지 몰라 외톨이가 되기 일쑤였다.

이런 환경에 있는 아이가 컴퓨터게임에 빠져드는 건 당연지사다. 아이는 조기교육으로 인해 정상적인 발달과정을 거치지 못했고, 친구들과도 어울려 놀지 못했다. 그 빈자리를 채워준 것이 컴퓨터게임이었다. 원할 때마다 아무런 조건 없이 허전하고 외로운 마음을 채워준 컴퓨터에게 아이는 큰 위안을 얻었을 게 뻔하다. 지금까지의 인생에서 재미라곤 하나도 없었던 아이에게 컴퓨터는 별천지 신세계였을 테다.

결국 컴퓨터게임은 공부 잘하고 착했던 아이를 무작정 등교를 거부하는 가짜 성숙한 아이로 만들고야 말았다. 진료실에서 만난 아이라고 하니 먼 나라 이야기 같겠지만, 실제 우리 생활에서도 이런 경우를 자주 찾아볼 수 있다. 등교를 거부하는 정도까지는 아니어도 컴퓨터게임에 빠져 자신이 해야 할 일을 망각하고 거부하는 아이들이 셀 수 없을 만큼 많다. 진료실에서 만난 이 아이도 그 많고 많은 아이들 중에 한 명일 뿐이었다.

화가 나면 아무도 못 말리는 두 얼굴의 소녀

자신의 감정을 잘 다스리지 못하는 초등학교 5학년 여자아이가 있었다. 어느 순간부터 아이는 화가 나면 여지없이 폭력적인 모습을 보인다고 했다. 동생과 말싸움을 하다가 갑자기 형광등을 깨버리질 않나, 자기 비위에 거슬린다 싶으면 엄마한테든 아빠한테든 심한 욕을 퍼부었다. 학교에서는 수업 시간에 엎드려서 잔다고 나무라는 선생님 때문에 화가 나서 화단에 있는 화분을 집어 던진 적도 있다고 했다.

"화가 난다고 그렇게 하면 되겠니?"

"그게 뭐가 잘못됐어요?"

"그러면 가족들도 친구들도 너를 좋아하지 않을 텐데."

"맞아요. 사람들이 저보고 좀 이상하다고 해요. 그래도 상관없어요. 가족이나 친구 없어도 아무렇지 않아요."

"주변에 사람이 없으면 외로울 텐데."

"외로운 게 뭐예요? 아! 심심한 거요? 심심할 틈이 없어요. 게임이랑 채팅하기 바쁘거든요. 오히려 자꾸 이래라저래라 해서 귀찮아요."

"외로운 것하고 심심한 것은 많이 달라."

"뭐가 달라요? 그게 그거죠, 뭐."

틈이 날 때마다 게임과 채팅으로 시간을 보내고 싶은 이 아이에게 주변 사람들은 그것을 방해하는 장애물일 뿐이었다. 상담을 받는 도중에도 아이는 끊임없이 스마트폰을 만지작거리고 있었다. 잠깐 멈추고 상담에 집중하자고 하니 아이는 내게 카카오톡으로 대화를 하면 안 되겠냐고 제안했다. 자신은 집에서 엄마가 옆에 있을 때도 할 말이 있으면 카카오톡으로 말을 건다고 했다. 말로 하는 것보다 카카오톡으로 하는 게 더 편하고 빠르고 재미있다는 것이 그 이유였다.

모든 결과에는 원인이 있게 마련이다. 이 아이의 어린 시절로 되돌아가 보니, 그곳에는 아이가 보채거나 심심해할 때마다 컴퓨터나 휴대폰을 들이밀던 부모가 있었다. 사람이 아닌 기계로부터 위로를 받았던 아이는 성장을 해서도 사람이 아닌 기계를 더 편하게 생각했던 것이다.

스트레스를 받을 때 조금도 참지 못하고 폭력적인 반응을 보이는 것은 디지털 기기에 중독된 아이들의 전형적인 특징이다. 형광등을 깨고 화분을 집어 던진 아이의 폭력적인 행동 뒤에는 바로 디지털 기기가 있었다.

주변에 전혀 관심을 보이지 않는 유사 자폐아

아이들의 경우, 놀이를 하는 모습을 보면 작금의 심리 상태가 금세 파악된다. 그래서 아이들의 심리를 검사하는 곳에는 기본적으로 플레이룸이 갖춰져 있다.

당연히 내가 진료를 하던 병원에도 플레이룸이 마련되어 있었다. 병원의 규모에 걸맞게 꽤 근사한 놀이도구들로 가득 찬 곳이었다. 그 정도의 놀이도구라면 보통 아이들의 경우 3~4시간쯤은 도통 심심할 틈이 없을 정도로 놀이에 심취한다. 그러나 심리적으로 문제가 있는 아이들은 놀이도구들을 제대로 활용하지 못하거나 거부하는 경우가 다분하다.

내가 만난 초등학교 4학년 남자아이도 그랬다. 이 아이는 주변에 널려 있는 다양한 놀이도구들이 무색할 만큼 아무런 반응을 보이지 않았다. 어떤 놀이도구를 주어도 만지지도, 가까이 다가가려고도 하지 않았다.

주변에서 벌어지는 일에 전혀 관심이 없어 보이는 건 여러 가지 검사 도중에도 마찬가지였다. 궁금한 것을 물어보아도 대답은커녕 눈도 마주치지 않았다. 심지어 검사 도중에 이름을 불러도 대답하는 일이 없었다. 그러니 아이와 함께 뭔가를 그려보고 골라보는 활동을 하는 것이 불가능했다.

아이의 엄마는 자폐를 의심하고 있었다. 그러나 검사 결과, 전형적인 자폐아는 아니었다. 지능도 나쁘지 않은 편이었다. 그런데 언어성 지능과 사회성이 크게 떨어지는 것이 자폐 증상과 거의 동일했다. 자폐는 아니지만 분명 자폐 증상이 두드러지게 관찰되는, 즉 유사자폐로 보였다.

'유사자폐'라는 말은 학계에서 정식으로 쓰이는 명칭은 아니지만 우리나라에서는 선천적인 자폐증과 구별하는 의미로 쓰이고 있다. 자폐증 환자처럼 사회성 발달에 큰 문제를 보이는 건 비슷하다. 하지만 생물학적·신경학적 원인이 아닌 후천적인 양육환경에 의해 발생한다는 점이 자폐증과 다르기 때문에 유사자폐라는 별칭이 붙여졌다. 이 명칭은 IMF 직후부터 유행하기 시작했다. 그즈음 영어비디오에 장시간 노출된 영·유아들이 자폐와 유사한 증상을 보이다가 비디오를 끊고 치료를 받고 나면 정상발달을 보이는 경우가 참 많았다. 바로 그런 아이들을 나타내는 마땅한 말을 찾다가 유사자폐라는 명칭이 주목을 받게 된 것이다.

유사자폐를 불러일으키는 원인에는 여러 가지가 있겠지만, 최근에는 디지털 기기가 가장 큰 주범으로 꼽히고 있다. 너무 어렸을 때부터 디지털 기기에 노출되는 바람에 엄마와 안정된 정서적 유대감을 형성하지 못함으로써 마치 자폐 범주성 장애와 유사한 모습을 보이는 것이다.

유사자폐 증상을 보였던 남자아이도 태어나자마자 엄마의 눈이 아닌 TV 화면과 눈을 마주치며 성장했다. 영어교육을 시작하는 시기가 어릴수록 좋다는 근거 없는 풍문을 철석같이 믿었던 엄마로 인해 아이는 하루의 대부분을 영어비디오를 보면서 지냈던 것이다. 아이가 태어났던 2000년대 초반은 우리나라에 조기교육의 광풍이 불어닥쳤을 때니까 어떤 상황이었을지 안 봐도 훤했다.

엄마는 아이가 좀 더 똑똑한 아이로 성장했으면 하는 마음에 영어비디오를 아낌없이 선사했겠지만, 사실 이것은 방치에 가깝다. 엄마와의 안정적인 애착관계 형성이 무엇보다 중요한 시기에 아이의 양육을 영어비디오에 전가시킨 것과 다름없기 때문이다. 결국 건강하게 태어났을 게 분명한 아이가 유사자폐의 모습을 보였던 것은 부모의 무지와 과욕이 불러온 참사였다.

진료실에서 만난 세 아이의 공통점은?

진료실에서 만났던 가짜 성숙한 세 아이의 과거, 혹은 현재에는 공통적으로 디지털 기기가 자리 잡고 있었다. 정서적인 불안감을 떨쳐내기 위해 디지털 기기에 빠져들면서 순식간에 모범생에서 문제아로 전락한 아이도 있었고, 너무 일찍 디지털 기기에 노출된 탓에 정상적인 발달과정을 거치지 못하면서 마치 정신적인 장애가 있는 것처럼 보이는 아이도 있었다. 분노를 조절하지 못하고 반사회적인 모습을 보이는 등 디지털 기기에 빠진 아이들의 전형적인 문제점을 고스란히 보여주는 아이도 있었다.

물론 이 사례들 이외에도 디지털 기기로 인해 가짜 성숙한 모습을 보이는 아이들은 셀 수 없을 만큼 많다. 솔직히 말해 디지털 기기에 중독되어 헤어나오지 못하는 아이들은 거의 대부분이 가짜 성숙한 모습을 보인다고 봐도 무방하다.

그럴 수밖에 없다. 디지털 기기는 시각과 청각을 끊임없이 자극하면서 뇌를 통제하기 때문에 생각을 마비시키고 판단을 흐려놓는다. 올바른 생각과 판단이 불가능한 상태에서 어떻게 성숙한 모습을 보일 수 있겠는가.

혹시 병원을 찾은 아이들은 너무 심각한 상황이라 내 아이와는 전혀 별개의 일이라고 생각하는 부모들이 있을지 모르겠다. 분명 병원을 찾아오는 아이들은 일반적인 경우보다 상태가 좀 더 심각한 게 사실이다. 그러나 병원을 찾아오지 않는 아이들 중에도 당장 병원을 찾아야 할 만큼 상태가 좋지 않은 아이들이 의외로 너무 많다. 또한, 부모가 보기엔 별문제 없는 것 같아도 디지털 기기에 대한 집착이 도를 넘어 건강한 일상을 방해받는 아이들도 수두룩한 형편이다.

그러므로 내 아이가 디지털 기기에 얼마나 노출되어 있고 얼마나 집착하는지를 정확히 자각할 필요가 있다. 그래야 올바른 판단을 내려 적절한 도움을 줄 수 있기 때문이다. 바로 그것이 아이의 가짜 성숙을 막을 수 있는 첫걸음이 될 것이다.

IT 초강국 대한민국이
가짜 성숙을 부추긴다

아침부터 밤까지,
디지털 기기에 분리불안을 겪는 사람들

스마트폰에서 기상 시간을 알리는 알람소리가 울려 퍼진다. 알람을 끈 다음 가장 먼저 메시지가 도착하지 않았는지 확인한다. 혹시 하룻밤 사이 지인들이 SNS(Social Networking Service)에 새 소식을 올리지는 않았는지 확인하는 것도 필수다. 여기저기 들어갔다 나왔다 하니 어느새 출근 시간이 바짝 다가왔다. 서둘러 씻고 옷을 입고 회사로 향한다.

회사에 도착한 다음에는 가장 먼저 컴퓨터 전원을 켠다. 컴퓨터가 부팅되는 사이 아침식사를 하지 못해 출출한 배를 달래기 위해 커피

한 잔을 마신다. 컴퓨터가 켜지면 우선 이메일부터 확인한다. 그러고 나서 인터넷으로 무슨 기사가 올라왔는지 검색해 마음에 드는 몇몇 기사를 읽는다. 가끔 문자나 SNS 메시지가 왔다는 알림음이 울리면 얼른 스마트폰을 들고 확인한다. 인맥 관리를 위해 확인 즉시 답장을 하거나 댓글을 다는 센스도 발휘한다.

업무 중간에도 틈틈이 포털사이트의 실시간검색어 순위에 올라 있는 사건들을 들여다보고 이메일을 체크하느라 한 시간이면 끝낼 일을 2~3시간 질질 끌기도 한다. 심지어 회의 중에도 좀 따분하다 싶으면 책상 밑에서 스마트폰으로 웹서핑을 하거나 SNS에 글을 올리는 사람도 있다.

이처럼 요즘 우리의 일상은 디지털 기기와는 떼려야 뗄 수 없는 관계를 유지하고 있다. 회사 업무부터 대인관계, 심지어는 여가생활까지 디지털 기기의 도움을 받아 해결하는 세상에 살고 있다. 디지털 기기와 인터넷으로 연결된 온라인 세상이 아날로그 시대와는 비교도 안 될 만큼 우리에게 편리한 생활을 제공해준 것은 인정한다. 그러나 그로 인해 삶의 방식이나 관심의 대상이 급속도로 바뀌면서 여러 가지 문제점을 낳고 있다.

만약 디지털 기기가 없었다면 하루 일과가 어땠을까? 아침에 일어나면 먼저 생리적인 문제를 해결하고 나서 간단하게나마 아침식사를 할 것이다. 여유 있게 아침식사만 하는 사람도 있겠지만 신문을 읽으

며 세상 소식을 접하거나 오늘 해야 할 일을 머릿속에 정리하는 사람
도 있을 것이다. 회사에 도착해서는 직장동료들과 인사를 나누며 간
단한 담소를 나눌 게 분명하다. 그러면서 자연스레 오늘 사무실 분위
기는 어떤지, 사장님의 기분은 어떤지 파악하게 된다.

　이로 인해 생활이 좀 더 여유로워질 것이며 사람과 사람 사이에는
따뜻한 온기가 흐를 것이다. 주어진 역할에 집중할 수 있게 되어 능률
도 훨씬 높을 것이다. 그러나 이미 디지털 기기에 빠질 대로 빠진 이
시대 사람들은, 무엇이 더 중요하고 어떤 것을 우선시해야 하는지 망
각한 듯하다. 그저 원하는 것을 즉각적으로 대령하는 디지털 기기만
을 존중하고 맹신하고 사랑하느라 정신이 없을 뿐이다.

디지털 기기의 중독성이 '디지털 키즈'를 만든다

사실 나도 할 말은 없다. 어딜 가든, 무엇을 하든, 역시나 내 손에서
도 디지털 기기가 떠나질 않기 때문이다. 회의 시간 때 좀 지루하다
싶으면 나도 모르게 스마트폰을 꺼내 뉴스 검색을 하고 있고, 잠시 화
장실에 다녀온 사이 혹시나 메시지가 오지 않았을까 싶어 가장 먼저
휴대폰부터 확인하게 된다. 메시지 도착을 알리는 소리가 들리기라도
하면 한창 자료를 검토하는 와중에도 그 메시지의 내용부터 들여다봐

야 다음 일을 이어갈 수 있다. 그러니 전문가랍시고 디지털 기기에 빠져든 현대인들을 무작정 지적하고 나무랄 수 없는 입장이다.

디지털 기기가 무서운 이유가 바로 여기에 있다. 디지털 기기의 역효과에 대해 누구보다 잘 알고 있다고 자부하는 나조차도 꼼짝 못하게 만들 만큼 강한 중독성을 가지고 있는 녀석이 디지털 기기다. 그 강한 중독성으로 인해 사람들로 하여금 자꾸만 만지작거리고 들여다보게 만드는 것이다.

아이들에게는 더하다. 아이들은 어른들에 비해 호기심과 충동성이 훨씬 더 강하다. 반면, 자신의 행동을 조절할 수 있는 통제력이나 힘든 상황을 견뎌낼 수 있는 내적인 힘은 턱없이 부족하기 때문에 한 번 디지털 기기의 자극성에 빠지면 속절없이 무너지기 쉽다. 아이는 완성된 단계가 아닌 완성되어가는 과정에 있으므로 디지털 기기의 공격에 의해 훼손되고 망가지는 정도가 어른과 비교할 수 없을 만큼 크고 깊다는 것을 마음속에 되새겨야 한다.

그럼에도 불구하고 많은 부모들이 그것의 위험성을 인지하지 못한 채 아이를 무방비 상태로 디지털 기기에 노출시키고 있다. 그래서 요즘 아이들은 어렸을 때부터 디지털 기기를 능수능란하게 다루는 이른바 '디지털 키즈'로 성장하고 있다.

디지털 기기의 달인! 디지털 키즈들의 일상

7살 K양은 요즘 온라인 어린이 교육 사이트에 접속해서 한글과 숫자, 영어를 배우는 일에 푹 빠져 있다. 별다른 비용을 들이지 않고도 아이가 쉽고 재미있게 공부를 하니 엄마, 아빠의 만족도도 매우 높다. 공부를 하다가 따분한 것 같으면 노래와 율동을 배우는 DVD를 틀어 기분을 전환하도록 해준다.

부모님이 맞벌이를 하는 11살 P군은 학교수업과 학원수업이 모두 끝나고 집으로 돌아오면 무료함을 달래기 위해 TV부터 켠다. TV에서 재미있는 프로그램을 하지 않으면 컴퓨터를 켜고 미리 다운로드한 영화를 보거나 온라인게임을 한다. 부모님이 일찍 들어오는 날이면 그나마 잔소리가 듣기 싫어 TV와 컴퓨터를 끄고 숙제를 하지만, 부모님이 모두 늦게 들어오는 날이면 TV를 보거나 컴퓨터를 하다가 그냥 잠들어버리는 바람에 숙제를 못 해 가기도 한다.

9살 L양은 요즘 단짝친구와 싸워서 많이 속상하다. 자기랑 며칠 말 안 하고 지내는 사이 새로운 단짝친구가 생기면 어떡하나 싶어 스마트폰으로 친구의 사진이 올라와 있는 SNS에 접속하여 일상을 살핀다. 그러다가 우연히 자기에 대해 안 좋은 말을 써놓은 친구의 글을 발견하고는 화를 참지 못하고 SNS에 온갖 험한 말을 퍼부으며 절교를 선언하는 메시지를 남겼다. 그러자 친구는 메시지를 곧바로 삭제하고 자신의 SNS에 똑같이 독설을 남기고는 관계도 끊어버렸다.

이처럼 요즘 아이들은 친구들과 밖에서 뛰어노는 대신 집 안에서 TV나 비디오를 보며 대부분의 시간을 보낸다. 숙제를 할 때도 예전처럼 도움받을 기관을 직접 방문하거나 두꺼운 백과사전을 뒤져보지 않는다. 인터넷을 사용하면 방대한 정보들이 금세 술술 검색되니 굳이 고생을 사서 할 필요가 없는 것이다.

친구와 수다를 떨고 싶을 때, 직접 찾아가서 얼굴을 맞대고 이야기하거나 수화기를 통해 목소리를 주고받으며 마음을 털어놓는 것도 다 옛일이다. SNS로 짧은 글을 주고받는 것이 훨씬 자연스러운 일이 되었다. 심지어 바로 옆에 있는 친구에게, 함께 식탁에 앉아 식사를 하는 부모에게도 SNS로 말을 건다.

이것은 어렸을 때부터 디지털 기기를 옆에 끼고 성장한 디지털 키즈들에게는 이상할 게 하나도 없는 일상이다. 너무나 당연한 일상이어서 일말의 의심도 들지 않는 이런 환경이 바로 가짜 성숙의 주범인 것이다.

디지털 기기가 생활을 편리하게 해준 것은 확실하다. 그것에 대한 공로는 인정할 수밖에 없다. 그러나 디지털 기기에 대한 의존성이 커지면서 생활의 여유는 박탈당하고 말았다. 사색하는 시간도, 독서하는 시간도, 스스로를 돌아보고 반성하는 시간도 종적을 감추어버린 것이다.

또한, 디지털 기기를 통해 SNS에 접속하면서 친구조차 가상세계에서 가짜로 만나는 형편이 되고야 말았다. 그래서 SNS를 통해서는 수많은 친구들을 만나지만 정작 현실세계에서는 마음을 나눌 수 있는 단 한 명의 친구조차 만들지 못하는 어처구니없는 상황이 발생하는 것이다. SNS를 통해 건전하지 못한 가치를 공유하면서 가치관에 악영향을 받을 수 있다는 점에 대해서 전혀 경계하지 않는 것도 문제다.

그래서 요즘 아이들의 가짜 성숙에 절대적인 영향을 끼치는 주범을 디지털 기기로 꼽는 것은 하나도 이상할 게 없다. 아이를 가짜 성숙하게 만드는 모든 요소들이 디지털 기기와 맞닿아 있기 때문에 '가짜 성숙의 주범=디지털 기기'라는 공식에는 어떠한 반전도, 반론도 있을 수 없는 것이다.

세계 최고의 IT 강국 대한민국에서 살아남기

우리나라는 자타가 공인하는 세계 최고의 IT 강국이다. 디스플레이 산업, 반도체 산업은 세계 정상의 자리를 오랫동안 독차지하고 있고, 모바일 통신망 분야에서도 타의 추종을 불허한다. 인터넷 속도에 있어서도 부동의 1위를 유지하고 있는데, 우리나라의 인터넷 속도는 세계 평균 속도보다 무려 7배나 빠르다고 한다.

그러나 세계 최고의 IT 강국이라는 영광 뒤에는 매우 심각한 부작용이 도사리고 있다. 하루가 멀다 하고 신제품이 쏟아져 나오는 디지털 기기는 호기심과 탐구심으로 가득 찬 아이들을 끊임없이 유혹한다. 게다가 우리나라는 전 세계에서 가장 빠른 인터넷 속도를 자랑한다. 그로 인해 인터넷과 게임에 푹 빠져 폐인처럼 살아가는 아이들이 급속도로 늘어나고 있는 상황이다.

앞으로 더욱더 획기적인 기술력을 갖춘 디지털 기기가 등장할 것은 불 보듯 뻔한 일이다. 인터넷 속도는 날이 갈수록 더욱 빨라지고 인터넷에 접속할 수 있는 방법 역시 더욱 간단하고 편리해질 것이다. 표면적으로 본다면 이런 환경은 아이들의 가짜 성숙을 더욱 가속화시킬 것이다. 그러면 아이들은 지금보다 더욱더 삭막해지고 나약해질 가능성이 크다.

그러니 더 이상 손 놓고 있을 수만은 없다. 호랑이에게 잡혀가도 정신만 바짝 차리면 살아남을 수 있다. 디지털 기기가 판치는 세상에서도 그것의 '허'와 '실'을 정확히 인지하고 적절히 통제할 수 있으면 '허'보다는 '실'을 더 챙길 수 있다.

그러기 위해서는 우선 디지털 기기가 내 아이에게 어떤 영향을 끼치는지, 그것을 통제하지 못하면 어떤 결과가 초래되는지부터 정확히 알고 있어야 한다. 거기에서부터 시작해야 디지털 기기를 반드시 통제해야 하는 이유에 당위성을 부여할 수 있다.

남자아이의 게임
vs. 여자아이의 SNS

디지털 기기에 빠지는 이유,
성별에 따라 다르다

디지털 기기는 성별을 초월하여 사랑을 받는다. 그러나 어떤 부분으로 인해 사랑을 받는지는 성별에 따라 다른 양상을 보인다.

우선 남자아이는 온라인게임에 대한 선호도가 매우 강하다. 온라인게임에 푹 빠져 있는 아이들에게 "왜 그렇게 게임만 하려고 하는 거니? 게임을 하면 뭐가 좋아?"라고 물으면 "스트레스가 해소돼요"라는 대답이 거의 대부분이다.

온라인게임을 할 때 스트레스가 해소되는 느낌이 드는 건, 현실에서는 자신 없고 무기력하지만 가상세계에서는 자신감 넘치고 유능한 아바타를 내세워 마음껏 조종할 수 있기 때문이다. 현실세계의 불만족스러운 자신의 모습을 아바타를 내세워 보상받고 싶어 하는 것이다. 이러한 이유 때문에 여자아이들보다는 남자아이들이 온라인게임에 중독되는 경우가 많다.

여자아이들은 온라인게임에 빠져드는 확률이 비교적 낮은 편이지만, 그 대신 SNS에 집착하는 정도가 남자아이보다 훨씬 심하다. 여자아이들은 유능한 아바타를 내세워 자신의 부족함을 보상받고 싶어 하는 남자아이들과는 달리, 인터넷 공간에 각종 자료를 올리고 공유함으로써 자신의 가치를 확인하고 싶어 하는 경향이 있다.

한마디로 남자아이들은 온라인게임을 통해, 여자아이들은 SNS를 통해 자신의 정체성을 인정받고자 한다. 그러나 그 과정이 아이들이 기대하는 것처럼 수월하지 않을뿐더러 극도의 부작용을 경험할 수도 있다는 게 문제다.

게임에 빠진 남자아이, 현실감각이 떨어진다

몇 해 전, 게임에 빠진 중학교 3학년 남학생이 게임하는 것을 나무라는 엄마를 살해하고 그 죄책감으로 스스로 목숨을 끊은 사건이 있었다. 아들이 엄마를 살해한 것도 너무나 충격적인데, 그 끔찍한 패륜을 저지른 이유가 게임을 하지 말라는 핀잔 때문이었다니, 참담하기 이를 데 없었다.

이 사건만 보더라도 게임중독이 사람의 정신을 얼마나 피폐하게 만드는지 알 수 있다. 게임을 하느라 공부를 게을리하고 사람들과 어울리지 않는 것은 기본적으로 각오해야 하는 문제다. 거기에서 한 발 더 나아가면 가상세계에서 헤어나오지 못해 현실감각이 극히 떨어지게 된다. 뿐만 아니라 자신의 감정을 통제하지 못해 폭력적이고 충동적인 모습을 보이게 된다.

게임에 빠져 엄마를 살해한 아이의 경우에도 가상공간에 갇혀 사는 동안 현실감각이 떨어져 사리분별을 제대로 하지 못했던 것이다. 엄청난 패륜을 저지르는 순간, 아이는 게임을 그만하라고 잔소리하는 엄마가 내 아바타를 공격하는 상대방 아바타 정도로 느껴졌을 것이다. 범죄를 저지른 뒤 아이가 죄책감에 자살을 선택한 것만 봐도 알 수 있다. 정신이 번쩍 들어 현실세계로 돌아왔을 때 눈앞에 펼쳐진 끔찍한 모습을 발견하고는 얼마나 놀라고 후회되고 두려웠을까.

온라인게임의 고질적인 문제점으로 꼽히는 폭력성과 충동성도 고스란히 드러내고 있다. 분노를 조금이라도 조절할 수 있었더라면, 즉 아이가 자신의 감정을 스스로 통제할 수 있는 힘이 있었더라면 이런 비극은 절대 일어나지 않았을 것이다.

최근 소아정신과에도 게임에 중독돼 하루 종일 컴퓨터와 스마트폰을 붙들고 사는 아이들이 늘고 있다. 이들은 일단 병원에 데리고 오는 것도 힘들지만, 병원에 온 다음에도 좀처럼 마음을 열지 않는다. 게다가 게임을 할 때 이외에는 매사 무기력하기 때문에 치료하려는 동기를 만들기가 정말 힘들다. 게임을 얼마만큼 하게 해주겠다는 조건을 걸고 상담을 시작하면 그제야 몇 마디 말이라도 시작한다. 그런데 하는 말들이 참으로 가관이다.

"굳이 우리 아빠처럼 야망을 가지고 살 필요는 없잖아요."

"그냥 내가 즐길 수 있는 것만 하면서 살면 안 돼요?"

"아르바이트로 용돈이나 벌어 입에 풀칠만 하면 되죠, 뭐. 나머지 시간은 게임하고요."

가상공간에만 머물고자 하는 아이들, 그래서 진짜 세상으로 나오면 오히려 불안해하고 거칠어지는 아이들……. 이런 아이들을 보면 우물 안 개구리가 생각난다. 넓은 세상으로 나와 도전하고 성취하며 살아갈 생각 없이 가상공간에 갇혀 안주하고 위로받을 궁리만 하고 있는 모습이 우물 안 개구리와 다를 바 없기 때문이다.

SNS에 빠진 여자아이, 인간관이 왜곡된다

'너 같은 X는 발가벗겨서 교문 위에 대롱대롱 매달아 놓아야 정신을 차릴 텐데…….'

'집에다가 일러바치면 니 애미, 애비까지 가만 안 둘 테니 알아서 해.'

'내일 당장 전학 가지 않으면 니 면상에다가 급식실에서 나온 음식물쓰레기들을 퍼부을 테니까 각오해.'

집단 따돌림, 즉 왕따를 당하고 있다며 괴로워하는 여자아이가 슬그머니 내민 스마트폰을 살펴보다 나는 경악을 금치 못했다. 차마 입에 담지 못할 욕설과 경고 문구가 담긴 섬뜩한 메시지들로 가득했기 때문이다.

아이는 같은 반 학생 몇몇으로부터 왕따를 당하고 있었다. 그런데 친구들이 직접 얼굴을 대하고 괴롭히는 것보다 SNS를 통해 퍼붓는 욕설과 저주가 더욱 고통스럽다고 했다. 그래도 눈앞에 있으면 그렇게 악랄하지는 않은데 SNS로는 할 말 못 할 말 물불을 가리지 않고 하는 탓이다. 그것이 너무 괴로워 아이는 극단적인 생각까지 하고 있었다.

나는 아이의 고통을 충분히 이해할 수 있었다. 예상보다 훨씬 더 많은 사람들이 SNS를 통해 집단 따돌림을 경험하면서 힘겨운 시간을 보내기 때문이다.

실제로 학교에서 집단 따돌림을 할 때 SNS상에 공격적인 내용을 올려 괴롭히는 경우가 허다하다. SNS를 이용하면 여러 명에게 동시에 정보가 전달되므로 따돌림을 당하는 당사자는 커다란 수치심을 느끼게 된다. 단체대화방에 초대해놓고는 한 아이만 남겨놓고 싹 빠져나가버린다든가, 한 아이의 말에는 대꾸도 안 하는 식으로 유령 취급하는 경우도 비일비재하다.

트위터, 카카오톡, 페이스북 같은 SNS가 매력적인 것은 언제든지 컴퓨터나 휴대폰을 통해 다른 사람들과 쌍방향으로 연결된다는 점이다. 서로 안부를 묻고 근황을 주고받으면서 내가 사회적으로 동떨어져 있지 않고 많은 사람과 연결되어 있음을 확인하는 것이다. 더군다나 익명성까지 보장되니 현실세계와는 비교도 안 되는 해방감까지 제공한다.

그래서 요즘 아이들은 친구들을 직접 만나 얘기하는 것보다 SNS를 통해 메시지를 주고받는 것을 더 즐긴다. 특히 여자아이들이 남자아이들에 비해 SNS에 대한 선호도와 신뢰감이 두터운 편이다.

그러나 SNS에 빠진 아이들이 미처 고려하지 못하고 있는 점이 있다. SNS는 현실세계와는 달리 얼굴을 맞대고 감정을 교류할 일이 없으므로 상대방의 감정을 배려할 필요가 없다. 그래서 상처를 주기도 쉽고 상처를 받기도 쉽다. 게다가 SNS에서는 익명성이 보장되기 때문에 과도한 비판이나 적나라한 욕설을 쓰는 데도 거리낌이 없다. 그래서 언어적 폭력에 노출되는 횟수가 잦고 정도가 심하다.

언어적 폭력은 신체적 폭력에 못지않게 마음에 큰 생채기를 남긴다. 아니 오히려 신체적 폭력보다 더 큰 정신적 충격을 감당해야 할지도 모른다. 오죽하면 연예인들이 악플로 인해 우울증과 대인기피증에 시달리다가 자살까지 시도할까.

SNS를 통해 인간관계를 맺는 것은 실제 인간관계와는 다른 점이 많기 때문에 한참 왜곡된 인간관과 세계관이 형성될 수도 있다. 이러한 이유로 SNS를 통한 관계 맺기는 아직 인격이 성숙하지 않은 아이들의 가치관과 사회성에 좋지 않은 영향을 미칠 수 있다.

아이들에게는 SNS상에서 댓글을 달아줄 천 명의 친구보다 바로 옆에 있는 단 한 명의 친구가 더욱 절실하다. 수많은 친구와 수박 겉핥기 식의 관계를 맺느니 단 한 명의 친구와 희로애락을 함께 나누는 쪽이 아이에게는 훨씬 더 이롭다.

아이들을 가짜 세상에서 현실세계로 구출하라

현실에서 무기력한 자신의 모습을 보상받기 위해 게임에 접속해 가상공간에서 새로운 아바타를 만들었다. 그런데 그것이 내가 원하는 대로 잘 되지 않으면 어떻게 될까?

당연히 더 큰 상처와 충격을 받게 된다. 그리고 점점 더 몰두하고 집착하면서 일상생활이 불가능한 지경에까지 이르게 된다. 간혹 뉴스를 통해 누군가가 몇 날 며칠 게임만 하다가 사망했다는 소식을 접하곤 하는데, 그것이 결코 별나라 이야기가 아니다. 게임에 중독되는 순간 누구나 그런 위험에 노출되고 만다.

그렇다면 SNS를 통해 친구를 사귀고 자신의 가치를 인정받고 싶어했던 아이가 오히려 SNS로 인해 씻을 수 없는 상처를 받았다면 어떻게 될까? 이런 경우 심각한 스트레스와 우울증을 경험하게 된다. 종종 극단적인 선택을 하기도 한다. 실제로, 호기심에 자신의 벌거벗은 모습을 SNS에 올린 여자아이가 후폭풍을 감당하지 못하고 자살을 한 사건도 있었다.

가상공간에서는 한 번 만들어진 이미지가 고착되어 아무리 노력해도 극복할 수 없는 경우가 다반사다. 그것이 싫어 인터넷에서 흔적을 지우려고 해도 한 번 인터넷에 올린 기록은 없어지지 않기 때문에 좀처럼 벗어날 수가 없다. 게다가 가상공간에서는 자신의 모습이 다른 사람들에게 어떻게 비추어질지 통제하기가 어렵다. SNS가 마냥 달콤할 수만은 없는 것은 바로 그 때문이다.

더구나 최근에는 채팅을 통해 낯선 사람과 쉽게 접촉할 수 있게 되어, 여자아이들의 경우 성매매의 유혹에 빠지거나 남자아이들의 경우 범죄에 연루되기도 한다. 사실 이것은 온라인 채팅이 처음 시작되었을 때부터 우려되었던 일이다. 온라인을 통한 접촉은 상대가 누구인지 제대로 검증할 수 없어 위험한 상황이 많이 발생하는 데 반해 이를 완전히 차단하기가 불가능하기 때문이다.

인터넷은 가짜로 만들어놓은 가상공간이지 진짜로 존재하는 현실세계가 아니다. 그러나 이 공간이 너무 생생하고 흥미로운 탓에 아이들은 현실세계보다 더 믿고 의지하고 몰두하는 모습을 보인다. 가상공간에서 만들어진 내 모습에 집착하면서 정작 현실의 내 모습이 어떤지는 알아채지도 못하고 신경 쓰지도 않는다.

그래서 좀 더 성숙하고 현명한 사람이 되기 위해 어떤 노력을 기울여야 할지 고민하는 시간이 거의 희박하다. 이들에게 더 중요한 고민은 따로 있다. 어떻게 하면 게임 아이템을 하나 더 획득할 수 있을까, 어떻게 하면 댓글을 하나 더 늘릴 수 있을까, 어떻게 하면 스트레스를 단번에 날릴 수 있는 짜릿한 놀이를 찾을 수 있을까…….

컴퓨터보다 더욱 강력한
스마트폰

고개 숙인 사람들이 늘고 있다

병원에서 진료를 기다리고 있는 사람들을 쭉 둘러보면 십중팔구는 고개를 푹 숙인 채 스마트폰 삼매경에 빠져 있다. 어른은 물론이거니와 아이들도 스마트폰을 이리저리 터치하며 무료함을 달랜다. 다들 어쩜 그리 한결같을 수 있는지 헛웃음이 다 나올 정도다.

어디 병원뿐이랴. 지하철이든 극장이든 식당이든 야구장이든, 자리에 앉아서 약간의 시간을 무료하게 보내야 하는 순간에는 어김없이 스마트폰이 호출된다. 심지어 한밤중에 갑자기 고열이 나서 응급실에 실려 온 아이가 수액주사를 맞고 있는 사이 그 앞에서 스마트폰으로 게임을 하고 있는 보호자를 본 적도 있다. 스마트폰이 없던 시절에는 대체 어떻게 살았을까, 의문이 들 정도로 스마트폰에 대한 사람들의 사랑은 열렬함을 넘어서 병적으로 심하다.

국내 스마트폰 가입자 수가 3천만 명을 돌파했다고 한다. 이제 스마트폰은 단순히 사람들의 생활을 편리하게 해주기 위한 도구가 아니라 사람들의 생활을 지배하는 도구로서 그 위세를 떨치고 있다. 사람에 의해 스마트폰이 움직이는 것이 아니라 스마트폰에 의해 사람이 움직이는 것이 더 맞다고 할 만큼 그야말로 스마트폰 없이는 아무것도 할 수 없는 세상이 되고 말았다.

이처럼 스마트폰의 유혹은 거부할 수 없을 만큼 강하다. 어른들조차 그 유혹에서 좀처럼 벗어날 수 없다. 하물며 아이들은 어떨까? 아이들은 어른들보다 호기심과 탐구심이 훨씬 더 강하다. 그래서 흥미를 끄는 새로운 물건이 있으면 거기에 빠져드는 속도가 월등히 빠르다. 게다가 아이들은 자기 통제력이 한참 부족하기 때문에 스마트폰에 대한 충동을 억제하기가 힘들다. 아이들에게 스마트폰이 더욱더 치명적인 이유는 바로 거기에 있다.

실제로 길을 가다 보면 여럿이 죽 무리 지어 걷고 있되, 서로 대화는 하지 않고 스마트폰에만 신경을 쏟고 있는 아이들을 자주 만날 수 있다. 놀이터나 공원에서도 놀거나 산책하지 않고 벤치에 앉아 스마트폰 삼매경에 빠져 있다. 심지어 수업 시간에도 SNS 메시지를 보내거나 자료를 다운로드하는 것을 서슴지 않는다. 이쯤 되면 스마트폰이 세상을 정복했다고 해도 지나치지 않을 것이다.

스마트폰이 인터넷 중독률을 앞서고 있다

여성가족부가 2013년 5~6월에 초등학교 4학년, 중학교 1학년, 고등학교 1학년 학생 163만여 명을 대상으로 인터넷과 스마트폰 이용 습관에 대해 조사한 결과에 따르면, 스마트폰의 위험도가 인터넷의 위험도를 훨씬 뛰어넘었음을 알 수 있다. 전체 학생의 6.4퍼센트에 해당되는 10만 5천여 명의 아이들이 인터넷 중독 위험군으로 나타난 반면, 전체 학생의 17.9퍼센트인 24만여 명이 스마트폰 중독 위험군으로 나타난 것이다. 이는 거의 3배나 높은 수치로, 이미 아이들에게는 인터넷보다 스마트폰이 훨씬 더 치명적인 위험요소라는 사실을 알려주고 있다.

컴퓨터는 공간의 제약이라도 있지만 스마트폰은 언제 어디서나 원하는 것을 즉시 할 수 있다. 손바닥만 한 스마트폰을 들고 손가락으로 2~3번 정도 터치하면 국민 애플리케이션 카카오톡으로 친구와 대화할 수도 있고 페이스북으로 좋아하는 연예인의 근황도 확인할 수 있다. 궁금한 것이 생기면 그 자리에서 바로 검색을 하여 알아낼 수도 있다. 또 조금이라도 심심하다 싶으면 각종 웹툰이나 동영상을 보며 무료함을 달랠 수 있으니 그만한 활력소가 없다. 그런 편리성이 오히려 아침에 눈을 뜨는 순간부터 밤에 눈을 감기 전까지 스마트폰을 손에서 놓을 수 없게 하는 것이다.

스마트폰 덕분에 우리는 '하이퍼 커넥티드(hyper-connected, 과잉연결)' 환경에서 살게 되었다. 사람과 사람, 사람과 사물이 시공을 초월하여 끊임없이 연결되면서 얼굴도 모르는 사람과도 친구가 되고, 한 번도 가보지 못했던 공간을 제 집처럼 샅샅이 들여다보는 것이 가능해진 것이다.

그 재미가 너무 쏠쏠하여 사람들은 스마트폰과의 분리불안 증상을 겪고 있다. 학교에서도, 직장에서도, 심지어는 화장실에서조차 스마트폰을 손에서 놓지 못하는 것이다. 오죽하면 스마트폰에 '디지털 마약'이라는 별명이 붙었을까.

하이퍼 커넥티드 상태의 디지털 세상에서 아이들은 수많은 사람과 사물을 만날 수 있게 되었지만, 정작 현실에서의 친구와 가족으로부터는 한참 멀어지고 말았다. 스마트폰에 매달려 있느라 가족과 대화하지 않고 친구들을 만나지 않는 것이 다반사가 된 것이다. 스마트폰을 통해 자기만의 세계에 빠져 있는 동안 사회적으로 점점 고립되어가는 것쯤은 염두에 두지도 않는다.

"옛날 어린이들은 호환, 마마, 전쟁 등이 가장 무서운 재앙이었으나 현대의 어린이들은 무분별한 불법비디오들을 시청함에 따라 비행 청소년이 되는 무서운 결과를 초래하게 됩니다."

예전에 비디오를 보면 가장 앞부분에 이런 공익광고가 나왔다. 하지만 요즘에는 이런 공익광고가 등장해야 할 듯싶다.

"옛날 어린이들은 호환, 마마, 전쟁 등이 가장 무서운 재앙이었고 얼마 전까지만 해도 무분별한 불법비디오가 가장 큰 재앙이었으나, 최근에는 스마트폰이 우리 아이의 신체건강과 정신건강을 좀먹는 가장 큰 재앙이 되고 있습니다."

스마트폰, 강력한 통제가 필요하다

남들도 다 가지고 다니니까, 일반 폰보다 스마트폰이 가격이 더 저렴해서, 아이와 소통하기 편리해서, 아이에게 스트레스 풀 수 있을 만한 놀이감이 필요할 것 같아서……. 아이에게 스마트폰을 사주는 이유도 가지각색이다.

그러나 어떤 이유에서든지 10살 미만의 아이에게 스마트폰을 사주는 것은 마약을 쥐어주는 것과 같다. 바로 '디지털 마약' 말이다. 특히 6살 미만의 유아에게는 엄마, 아빠의 스마트폰을 잠시 건네주는 것조차 금해야 한다. 나이가 어릴수록 두뇌발달이 미성숙하여 통제력이 약하기 때문이다. 또한 스마트폰의 현란한 자극이 두뇌의 구조와 기능에 직접적으로 영향을 미치게 되어 그 부작용과 집착도가 훨씬 심각하다.

이미 아이가 스마트폰에 푹 빠져 있는 상태라면 일단 스마트폰으로부터 분리를 시켜야 한다. 아예 스마트폰을 빼앗아버리고 그 대신 재미있는 놀이를 할 수 있도록 환경을 만들어주면 된다.

이때는 부모 역시 스마트폰에 빠져 있는 모습을 보이면 안 된다. 부모는 아이에게 가장 큰 영향을 미치는 롤모델이다. 그러므로 적어도 집에 있는 동안만은 스마트폰을 꺼내두지 말아야 한다. 만약 아이의 금단현상이 심할 경우에는 부모 역시 스마트폰에서 일반 폰으로 바꾸는 것도 한 방법이다.

10살 미만의 아이들은 이 정도만으로도 어렵지 않게 스마트폰 중독에서 벗어날 수 있다. 그러나 초등학교 고학년 이상이 되면 학습에 대한 스트레스는 높아지는 반면 여가를 즐길 수 있는 시간이 부족해지기 때문에 스마트폰에 대한 집착이 훨씬 커진다. 그래서 섣불리 스마트폰을 빼앗으려고 했다가는 더 큰 갈등을 불러일으킬 수 있다. 그러므로 초등학교 고학년부터 청소년기 아이들은 스스로 스마트폰을 통제할 수 있는 동기를 만들어주는 것이 중요하다.

인터넷중독대응센터(홈페이지 www.iapc.or.kr, 상담콜센터 1599-0075)와 같은 기관의 도움을 받는 것도 좋다. 그러기 위해서는 우선 '스마트폰 중독 자가진단 척도'를 통해 아이 자신이 스마트폰에 얼마나 빠져 있는지를 진단해봐야 한다. '일반 사용자군'이 아닌 '잠재적 위험 사용자군'이나 '고위험 사용자군'에 속한다면 인터넷중독대응센터에 있는 전문상담가들에게 상담을 받아볼 것을 권한다.

'중독'이라는 단어가 들어간 기관에 상담을 받는 것이 선뜻 내키지 않을 수도 있다. 물론 가정에서 아이에게 내적동기를 불러일으켜 스스로 개선해나갈 수 있는 환경을 마련해주는 것이 가장 좋은 방법이다. 그러나 실속 없는 잔소리로 필요 없는 반발심을 일으키기보다는 전문상담가들에게 친절한 교육을 받는 것이 보다 현명한 방법일 수 있다.

☆ 청소년 스마트폰 중독 자가진단 척도(S-척도)

번호	항목	전혀 그렇지 않다	그렇지 않다	그렇다	매우 그렇다
1	스마트폰의 지나친 사용으로 학교성적이 떨어졌다.				
2	가족이나 친구들과 함께 있는 것보다 스마트폰을 사용하고 있는 것이 더 즐겁다.				
3	스마트폰을 사용할 수 없게 된다면 견디기 힘들 것이다.				
4	스마트폰 사용 시간을 줄이려고 해보았지만 실패했다.				
5	스마트폰 사용으로 계획한 일(공부, 숙제 또는 학원 수강 등)을 하기 어렵다.				
6	스마트폰을 사용하지 못하면 온 세상을 잃은 것 같은 생각이 든다.				
7	스마트폰이 없으면 안절부절못하고 초조해진다.				
8	스마트폰 사용 시간을 스스로 조절할 수 있다.				
9	수시로 스마트폰을 사용하다가 지적을 받은 적이 있다.				
10	스마트폰이 없어도 불안하지 않다.				
11	스마트폰을 사용할 때 '그만해야지'라고 생각은 하면서도 계속한다.				
12	스마트폰을 너무 자주 또는 오래한다고 가족이나 친구들로부터 불평을 들은 적이 있다.				
13	스마트폰 사용이 지금 하고 있는 공부에 방해가 되지 않는다.				
14	스마트폰을 사용할 수 없을 때 패닉상태에 빠진다.				
15	스마트폰 사용에 많은 시간을 보내는 것이 습관화되었다.				

전혀 그렇지 않다 : 1점, 그렇지 않다 : 2점, 그렇다 : 3점, 매우 그렇다 : 4점

※ 단, 문항 8번, 10번, 13번은 다음과 같이 역채점 실시
(전혀 그렇지 않다 : 4점, 그렇지 않다 : 3점, 그렇다 : 2점, 매우 그렇다 : 1점)

 고위험 사용자군

스마트폰 사용으로 인해 일상생활에서 심각한 장애를 보이면서 내성 및 금단현상이 나타난다. 스마트폰으로 이루어지는 대인관계가 대부분이며, 비도덕적 행위와 막연한 긍정적 기대가 있고 특정 애플리케이션이나 기능에 집착하는 특성을 보이기도 한다. 현실생활에서도 습관적으로 사용하게 되며 스마트폰 없이는 한순간도 견디기 힘들다고 느낀다. 따라서, 스마트폰 사용으로 인해 학업이나 대인관계를 제대로 수행할 수 없으며 자신이 스마트폰 중독이라고 느낀다. 또한, 심리적으로 불안정감 및 대인관계 곤란감, 우울한 기분 등에 자주 휩싸이며, 성격적으로 자기조절에 심각한 어려움을 보이고 무계획적인 충동성도 높은 편이다. 현실세계에서 사회적 관계에 문제가 있으며, 외로움을 느끼는 경우도 많다.

▷ 스마트폰 중독 경향성이 매우 높으므로 관련기관의 전문적 지원과 도움이 요청된다.

총점 42~44점 >> **잠재적 위험 사용자군**

고위험 사용자군에 비해 경미한 수준이지만 일상생활에서 장애를 보이며, 필요 이상으로 스마트폰 사용 시간이 늘어나고 집착하게 된다. 학업에 어려움이 나타날 수 있으며, 심리적 불안정감을 보이지만 절반 정도는 자신이 아무 문제가 없다고 느낀다. 다분히 계획적이지 못하고 자기조절에 어려움을 보이며 자신감도 낮아진다.

▷ 스마트폰 과다 사용의 위험을 깨닫고 스스로 조절하고 계획적인 사용을 하도록 노력한다. 스마트폰 중독에 대한 주의가 요망된다.

총점 41점 이하 >> **일반 사용자군**

대부분이 스마트폰 중독문제가 없다고 느낀다. 심리적 정서문제나 성격적 특성에서도 특이한 문제를 보이지 않으며, 자기 행동을 관리한다고 생각한다. 주변 사람들과의 대인관계에서도 자신이 충분한 지원을 얻을 수 있다고 느끼며, 심각한 외로움이나 곤란을 느끼지 않는다.

▷ 때때로 스마트폰의 건전한 활용에 대해 자기 점검을 지속적으로 수행한다.

출처 : 한국정보화진흥원 인터넷중독대응센터

디지털 세상이 아이 뇌를 망치고 있다

디지털 기기의 역습,
팝콘 브레인과 ADHD

아이의 뇌가 디지털 기기의 노예로 전락하다

언젠가 저녁을 먹으러 한 식당에 들른 적이 있다. 그런데 그곳에서 벌어지고 있는 풍경에 한숨이 절로 새어나왔다. 아이를 동반하고 나온 테이블에서는 공통적으로 아이의 손에 스마트폰이 들려져 있었다. 스마트폰에 집중하느라 움직이지도, 떠들지도 않는 아이 덕분에 엄마, 아빠는 비교적 여유롭게 식사를 하고 있었다

가끔 공원이나 놀이터에서도 아이에게 스마트폰을 쥐어준 채 엄마들끼리 삼삼오오 모여 앉아 수다를 떠는 모습을 볼 수 있다. 일단 아이들이 스마트폰을 손에 넣으면 너무나 얌전해지기 때문에 한자리에 가만히 앉혀두고 싶을 때 그만한 도구가 없다.

그런데 혹시 아이가 왜 스마트폰만 손에 넣으면 얌전해지는지 생각해본 적은 있는가. 엄마들은 그것이 '집중'을 하기 때문이라고 생각하지만, 실제로는 '집중한다'는 말보다 '지배당한다'라는 말로 해석하는 것이 보다 더 정확하다. 쉽게 말해, 아이의 뇌가 자신의 역할을 망각한 채 디지털 기기의 노예가 되어 그것이 시키는 대로 조종당하고 있다고 생각하면 된다.

디지털 기기에서 눈을 떼지 못한다면
팝콘 브레인을 의심하라

디지털 기기를 사용하는 중에는 시청각적으로 강한 자극에 노출된다. 강한 색채와 소리가 끊임없이 제공되기 때문이다. 강한 자극이 계속되는 데다가, 장면이 빠른 속도로 전환되면서 시시각각 새로운 볼거리를 제공하기 때문에 눈을 떼지 못하는 것이다.

그러나 이런 강한 자극에 자주 노출되다 보면 그만큼의 강한 자극이 주어지지 않는 다른 놀이들에는 도통 관심을 두지 않게 된다. 아이의 뇌가 어느새 '팝콘 브레인(popcorn brain)'이 되어버리기 때문이다.

팝콘 브레인은 TV나 컴퓨터, 스마트폰, 태블릿PC 등에 익숙해진 아이들의 뇌가 화면에 팝콘처럼 튀어오르는 강한 자극에는 반응하지만, 그보다 밋밋한 일상 자극들에는 반응하지 않고 무감각해져서 자극 추구형 뇌로 변한 것을 일컫는다. 이 말이 세상에 알려지기 시작한 것은 2011년 6월 23일, 미국 CNN에서 관련 내용을 보도하면서부터다. 디지털 기기의 멀티태스킹(multi-tasking, 다중 작업)에 익숙해지면 현실세계에 적응하지 못하는 방향으로 뇌의 구조가 바뀐다는 이날의 뉴스는 커다란 경각심을 일깨우고도 남았다.

이런 상태의 두뇌, 즉 팝콘 브레인은 시간이 갈수록 더 폭력적인 것, 더 충동적인 것, 더 즉각적인 것, 더 화려한 것만 찾게 된다. 이미 너무나도 강한 자극에 노출된 아이에게 돌과 나뭇가지를 갖고 노는 자연놀이는 밋밋하기 짝이 없다. 놀이터에서 미끄럼틀을 타고 그네를 타는 것도 지루할 뿐이다. 친구를 잡기 위해 힘들게 뛰어다닐 필요도 못 느끼고, 어딘가에 숨었다가 짠 나타나서 다른 사람들을 놀라게 하는 것도 하나도 재미있지가 않다. 가만히 앉아서 손가락으로 몇 번만 터치하면 그보다 훨씬 흥미로운 놀이들이 우수수 쏟아져 나오는 장난감이 눈앞에 있는데 아쉬울 게 뭐가 있겠는가.

그러나 강한 자극만 추구하는 팝콘 브레인은 집중력이 떨어지고 기억력이 약해지는 부작용을 낳는다. 이것은 아이들의 학습능력에 매우 치명적인 해가 된다. 학습은 스스로 반복해서 완전히 내 것으로 만들어야 제대로 이루어진다. 그러나 늘 새롭고 화려한 자극만을 찾는 팝콘 브레인이 되면 그러한 학습 패턴이 불가능해진다. 팝콘 브레인의 특성상 꼼꼼히 살펴보고 완벽하게 깨우치기보다는 대충 훑고 지나갈 수밖에 없기 때문이다.

감정을 통제하는 힘을 약하게 만드는 것도 팝콘 브레인의 심각한 문제점이다. 팝콘 브레인은 강한 자극이 주어지지 않으면 금세 싫증을 내고 안절부절못하게 된다. 아이에게 스마트폰이 좋지 않다는 이야기를 들어서 주지 않으려고 해도 아이가 난리법석을 피우는 통에 어쩔 수 없이 건네주고 마는 것을 보면 알 수 있다. 이런 상황을 쉽게 생각하고 넘기면 안 된다. 이미 아이의 뇌가 팝콘 브레인이 되어가고 있다는 증거라고 보면 된다.

현재 많은 전문가들이 팝콘 브레인이 되어가는 아이들의 뇌에 대해 우려를 나타내고 있다. 오죽하면 미국의 CNN에서는 팝콘 브레인을 예방하는 방법까지 제시하고 있을까. 그런데 팝콘 브레인을 예방할 수 있는 방법 중에는 코웃음이 날 만큼 평범하고 당연한 것들이 대부분이다. 인터넷 사용은 2시간 이내, 최소한 2분간 창밖 응시하기, 오후 6시부터 오후 9시까지 온라인에서 해방된 자유 시간 만들기, 친구에게 문자나 메일 대신 전화하기……. 조금만 신경 쓰면 힘들이지 않고도 얼마든지 지킬 수 있는 단순한 규칙들이다.

ADHD가 걱정된다면 디지털 기기로부터 해방시켜라

요즘 엄마들의 입에 가장 자주 오르는 아동 정신병리 용어는 단연 'ADHD'일 것이다. 이것에 대한 염려가 너무 커서 아이가 조금이라도 산만하다든지 공격적이면 여지없이 ADHD를 갖다 붙이곤 한다. 전문가가 아닌 주변 사람들이 "이 아이는 ADHD인 것 같아"라고 진단을 내리는 경우도 허다하다.

아이들은 기본적으로 산만하고 충동적이다. 정도가 너무 심해 어른들을 당황스럽게 만드는 경우도 있지만, 산만하고 충동적인 아이들의 특징은 창의력의 토대가 되기도 한다. 그러므로 섣불리 아이에게 ADHD라는 족쇄를 채워서는 안 된다.

그러나 분명 ADHD라는 정신병리에 대해서 관심을 가질 필요는 있다. 최근 ADHD가 의심돼 소아정신과를 찾는 아이들이 급속도로 늘고 있으며, ADHD 환자로 진단되는 빈도도 상당히 높기 때문이다.

ADHD 증상을 보이는 아이가 급속도로 늘고 있는 것은 주변 환경과도 관련이 깊다. ADHD는 뇌의 기능 이상으로, 주의집중력과 관련 있는 노르에피네프린과 도파민이라는 신경전달물질의 기능이 비정상일 때 발생하는 것으로 알려져 있다. 그런데 뇌의 이상만큼이나 ADHD를 유발하는 중요한 요인이 바로 주변 환경이다. 특히 최근에는 디지털 기기가 ADHD를 부추기는 주범으로 꼽히고 있다. 해외 연구에서는 TV를 시청하는 시간이 한 시간씩 늘어날 때마다 ADHD의 발생 위험은 10퍼센트씩 늘어난다는 연구 결과를 내놓기도 했다.

디지털 기기는 뇌의 특정 부분만 집중적으로 자극하기 때문에 뇌 기능의 균형을 깨뜨리기 십상이다. ADHD의 주된 증상인 집중력이 짧은 것과 충동성 억제가 안 되는 것은 전두엽의 기능이 저조할 때 생기는 문제다. 그런데 어려서부터 디지털 기기를 통해 빠른 속도로 움직이는 시각적 자극만 받으면 당연히 전두엽의 성숙에 문제가 올 수밖에 없다. 이러한 점 때문에 디지털 기기를 ADHD의 적으로 꼽는 것이다.

지금 내 아이가 ADHD는 아닐지 의심하고 있는 부모라면 병원에서 약물을 처방받아야 할지 말아야 할지에 대해 고민하고 있을 게 뻔하다. 그러나 병원에서 약물을 처방받는 일에 앞서 먼저 해야 할 일은 주변 환경을 정돈하는 일이다. ADHD의 잠재적인 원인으로 꼽히는, 또한 ADHD를 더욱 심화시키는 디지털 기기를 한시라도 빨리 아이 곁에서 분리시켜야 한다.

물론 디지털 기기를 무작정 빼앗고 없앤다고 될 일은 아니다. 아이가 심하게 거부할 게 불 보듯 뻔하기 때문이다. 그 빈자리를 채울 수 있는 재미있는 놀이와 부모의 안정된 양육 태도가 반드시 동반되어야 부작용 없이 디지털 기기로부터 멀어질 수 있다.

두뇌의 총사령관
전두엽이 위험하다

사회성과 정서를 담당하는
전두엽이 속절없이 무너진다

폭력성과 충동성이 너무 지나쳐 진료실을 찾아오는 아이들 중에는 온라인게임에 중독된 경우가 거의 대부분이다. 이런 아이들은 진료를 받는 동안에도 내내 손에서 스마트폰이나 태블릿PC를 놓지 못한다. 그것이 진료를 방해할 지경이어서 잠시 떨어뜨려 놓으려고 하면 아이는 격렬하게 저항한다. 심할 경우, 내게 욕설을 퍼붓거나 심지어 폭력을 휘두르기도 한다. 그 모습을 보고 있노라면 디지털 기기가 아이들의 정서발달에 얼마나 악영향을 끼치는지 눈에 훤히 보인다.

디지털 기기가 아이들의 정서발달에 얼마나 치명적인지는 뇌의 구조를 살펴보면 금세 알 수 있다. 뇌에서 감정 인식이나 사고기능 등은 대뇌의 명령을 따른다. 대뇌는 전두엽, 두정엽, 후두엽, 측두엽 등으로 나뉘는데, 이 중에서도 전두엽은 다른 부분의 뇌에 영향을 미쳐 판단력, 집중력 조절, 감정 조절, 기획능력 등을 책임지는 몹시 중요한 영역이다. 감정을 느끼고 조절하는 변연계를 통제하는 것도 전두엽이다.

따라서 전두엽이 잘 발달한 사람일수록 감정을 잘 조절하고 정서가 안정되어 있다. 도덕성도 높고 타인을 배려하는 마음도 깊다. 이런 사람들은 당연히 타인과 잘 어울리고 사회생활도 잘해나간다. 아이들이 어른보다 기분 조절력이 취약한 것은 바로 전두엽 기능이 미성숙하기 때문이다.

그런데 최근 디지털 기기가 전두엽의 발달에 문제를 일으킨다는 연구 결과가 이어지고 있다. TV나 컴퓨터, 스마트폰 같은 디지털 기기들은 시각을 담당하는 후두엽, 시지각적 통합능력과 관련된 두정엽에 주로 자극을 주게 된다. 두뇌의 법칙에 의하면 아직 발달 중인 아이들의 뇌는 자극을 받는 신경세포는 유지되고 자극을 받지 않은 것은 지워버리게 된다. 그러므로 디지털 기기에 빠진 아이들은 후두엽과 두정엽이 주로 자극을 받아 조기 발달하는 반면, 전두엽이나 변연계(감정의 뇌)의 기능은 위축될 가능성이 크다.

디지털 기기에 노출되는 빈도가 잦을수록 정서, 집중력, 사고력 발

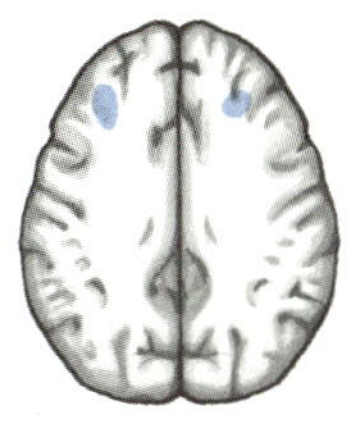

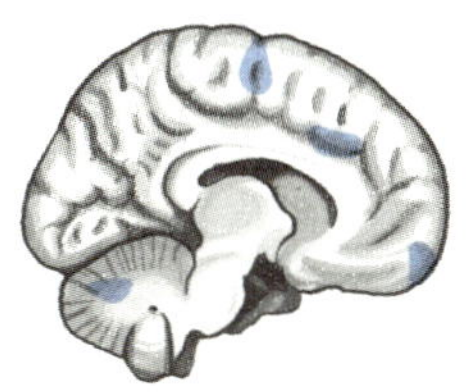

게임에 중독된 청소년이 일반 청소년과 다른 뇌의 부분를 표시한 그림. 이로 인해 게임이 뇌의 구조와 기능을 변화시킬 수 있음을 알 수 있다(출처 : 국제 온라인 학술지 〈PLoS ONE〉(www.plosone.org) 2011년 6월호, Kai Yuan 등).

달에 어려움을 겪는 것은 그 때문이다. 어른의 경우에는 이미 신경회로가 완성된 상태에서 자극이 되므로 디지털 기기로 인한 악영향이 제한적이다. 하지만 아직 신경회로가 형성되는 과정에 있는 어린아이들은 그 부작용이 치명적이어서 돌이킬 수 없는 결함이 생기게 된다.

그런데 요즘 아이들은 어떠한가. 어렸을 때부터 비디오를 선생님 삼아 공부하고 컴퓨터를 장난감 삼아 놀면서 하루하루를 보낸다. 한창 정서발달, 사회성 발달이 이루어져야 할 시기에 오히려 그것을 방해받으며 성장하는 것이다.

무기력해진 전두엽이 가짜 성숙한 아이를 만든다

우리 속담에 '세 살 버릇 여든까지 간다'라는 말이 있다. 이 속담을 들을 때마다 나는 우리 조상들의 지혜에 감탄하지 않을 수가 없다. 호랑이 담배 피던 시절부터 입에서 입으로 전해 내려왔을 이 속담이 실은 과학적으로도 증명이 되는 매우 논리적인 주장이기 때문이다.

뇌는 시기에 따라 도드라지게 발달하는 부위가 각기 다르다. 0~만 3살까지가 인간이 기본적으로 갖추어야 할 사회성과 정서가 형성되는 시기라면 그 이후부터는 그것이 다져지고 정교화되는 과정을 거치게 된다. 사회성 발달과 정서발달이 보다 정교화되면서 그것이 점차 습관으로 자리를 잡는 것이다. 이 역할을 전적으로 담당하는 신체기관이 뇌의 여러 부분 중에서도 대뇌, 그리고 대뇌 중에서도 바로 전두엽이다.

이렇게 중요한 역할을 하는 전두엽이 지금 디지털 기기의 무차별한 공격을 받아 제 기능을 상실하고 있다. 그래서 디지털 기기에 빠져 있는 아이들이 사회성이 떨어지고 정서가 불안하고 판단력이 저조한 가짜 성숙한 모습을 보이는 것이다.

언젠가 한 중학교 1학년 담임을 맡고 있는 교사가 이런 푸념을 늘어놓은 적이 있다.

"요즘 중학교 1학년 아이들은 새로운 영어 단어가 나오면 그것을 외우려고 하지 않고 무조건 스마트폰으로 번역하려고만 한다니까요. 도대체 뭐가 중요한지를 모르는 것 같아요. 수업 시간에 질문을 하면 얼른 스마트폰으로 검색해서 그 답을 찾아내기도 해요. 그래서 수업 시간이 너무너무 산만해요.”

그래서 내가 수업 시간에는 스마트폰을 담임선생님에게 맡겨두도록 하면 어떻겠냐고 반문했다. 그러자 이런 대답이 돌아왔다.

“수업 시간에 스마트폰을 압수하는 것도 한계가 있어요. 한번은 수업 시간에 모아두었던 스마트폰 중에서 한 아이의 것이 고장 나는 바람에 고스란히 물어주었다니까요. 특별히 내가 뭘 만진 것도 아닌데 운이 없었던 거지요. 몇 십만 원 물어주고 나니 그다음부터는 스마트폰을 맡기라고 할 엄두가 안 나더라고요.”

교사의 얼굴엔 자포자기한 기색이 역력했다. 그런데 사실 그것은 그다지 놀랄 일이 아니다. 스마트폰의 선구자라고 할 수 있는 아이폰이 등장한 때가 지금의 중학교 1학년 아이들이 초등학교 3, 4학년일 무렵이다. 다시 말해, 이러한 현상은 이미 예견된 재앙이었던 것이다.

디지털 기기로부터 전두엽을 사수하라!

전두엽은 사춘기가 지나고 나서야 비로소 어른 수준으로 발달한다. 이 말은 곧 사춘기까지는 전두엽이 끊임없이 발달한다는 뜻이다. 그래서 사춘기 때까지 디지털 기기는 어떻게든지 아이들의 전두엽에 영향을 미친다.

"아이에게 언제쯤 디지털 기기 사용을 허락하면 좋은가요?"라는 질문을 받으면 나는 "늦으면 늦을수록 좋아요"라고 대답하곤 한다. 아무래도 어릴수록 뇌에 미치는 영향이 더욱 치명적이기 때문에 가급적 늦게 노출시키라는 의미로 하는 대답이다.

그러나 그것이 현답이 될 수는 없다. 물론 어릴수록 더욱 치명적인 후유증을 감당해야 하는 것은 사실이지만, 다른 연령대 역시 문제가 되는 부분이 분명히 발견되기 때문이다.

만 7살 아이들의 경우에는 본격적으로 사람들과 타협을 시작하면서 정교한 사회적 책략을 만들어야 하는 시기인데, 디지털 기기에 빠져 있다 보면 그것이 불가능해진다. 만 10~11살 이후에는 사람들의 눈빛과 표정, 말하는 의미를 살피며 추상적 사고력을 다져나가야 하는데 역시나 디지털 기기가 그것을 방해한다.

청소년기에 이르러서는 뇌신경회로가 마지막으로 정교화된다. 안 쓰는 기능은 지워버리고 필요한 기능은 더 효율적으로 활성화시키는 것이다. 부족한 부분을 채우고 잘못된 부분을 구조적으로 고칠 수 있는 마지막 기회인 셈이다. 그래서 이 시기에 디지털 기기에 빠지는 것은 더 이상 빠져나갈 구멍이 없는 막다른 골목으로 들어가는 것과 다를 바 없다.

늦으면 늦을수록 좋기는 하지만, 그렇다고 해서 늦게 시작하면 안심해도 된다는 말은 아니다. 디지털 기기는 전 연령에 걸쳐 아이들의 뇌를 망칠 수 있다는 사실을 간과해서는 안 된다. 그래서 연령과 성별을 막론하고 끊임없는 관심과 통제가 필요하다. 그것만이 디지털 기기가 판치는 세상에서 우리 아이의 뇌를 건강하게 지키는 유일한 길이다.

영유아에게 더 치명적인
디지털 기기

아이의 일상에서 컴퓨터를 퇴출시킨
실리콘밸리의 천재들

실리콘밸리는 미국 IT산업의 심장 역할을 하는 곳이다. 구글, 애플, 야후, 휴렛팩커드와 같은 IT계의 거대 기업들이 바로 이곳에 위치하고 있기 때문이다.

그런데 〈뉴욕타임스〉 2011년 10월 22일자에 흥미로운 기사 하나가 눈에 띈다. 실리콘밸리에 위치하고 있는 거대 IT기업의 직원들이 자신의 자녀를 맡기고 있는 발도로프 학교에는 컴퓨터가 없다는 것이다. 놀랍게도 이 학교에서는 8학년, 그러니까 우리나라로 따지면 중학교 3학년이 되어서야 서서히 컴퓨터 수업을 시작한다고 한다. 그

아래 학년에서는 연필과 종이, 뜨개질바늘, 진흙 등을 이용한 아날로그 식 수업이 이루어진다.

IT산업의 진원지라고 할 수 있는 실리콘밸리에서 컴퓨터와 영상매체가 완전히 배제된 수업이 이루어지고 있다는 사실에 놀라워하는 사람들이 많을 것이다. 그러나 그렇게 하는 이유는 아주 간단하면서도 명쾌하다. 컴퓨터와 학교는 어울리지 않기 때문이다. 학교교육은 창의적인 사고, 사람들과의 상호작용, 신체활동을 통한 건강 증진에 초점이 맞춰져야 하는데 컴퓨터는 그러한 것을 방해하는 장애물이기 때문이다.

그래서 이 학교에 다니는 아이들은 초등학교 고학년이 되어도 컴퓨터를 사용하는 데 매우 서툴다. 심지어 부모가 구글에서 중요한 직책을 맡고 있더라도 아이는 구글에 접속하는 방법조차 모르는 경우도 다반사다. 3~4살만 되어도 자신이 직접 컴퓨터 전원을 켜고 인터넷에 접속해 좋아하는 콘텐츠를 자유자재로 찾아다니는 우리나라 아이들과는 정반대의 모습이다.

영유아의 뇌에 치명적인 후유증을 남긴다

실리콘밸리의 천재들이 아이들을 가급적 늦게 디지털 기기에 노출시킨다는 사실에 대해 나는 찬사를 아끼지 않는다. 그들이 아이들의 뇌 발달에 대해 이론적으로 잘 알고 있어서인지, 아니면 경험적으로 터득한 지혜를 발휘하는 건지는 알 수 없다. 그러나 이유를 막론하고 그들의 선택이 매우 탁월하고 현명한 것임에는 틀림없다.

0~만 3살까지의 아이들에게 있어 뇌 발달이 매우 중요하다고 하는 것은 이 시기에 뇌가 어떤 자극을 받느냐에 따라 평생의 인성과 감성이 결정되기 때문이다. 이것을 제대로 이해하기 위해서는 좀 어렵더라도 우리의 뇌 구조에 대한 지식이 필요하다. 우리의 뇌는 언뜻 보면 둥근 두부 덩어리처럼 보이는데, 이는 그림과 같이 핵과 줄기로 이루어진 신경세포들이 수없이 많이 모여서 이루어진 것이다. 대부분의 신경 기능은 핵에서 이루어지고 줄기 부분은 자극을 전달하는 기능을 주로 한다. 둥근 뇌의 겉 부분에 신경세포 핵이 주로 모여 있고 안쪽으로 줄기들이 뻗어 있는 것이 대뇌의 구조적 특징이다.

둥근 뇌의 안쪽 깊숙한 곳에도 신경세포의 핵들이 모여 있는 곳이 있는데, 여기에 기저핵, 시상 등이 자리 잡고 있다. 이 뇌 안쪽에 모여 있는 신경세포 핵 덩어리(그림의 A 부분)가 바로 유아기 두뇌발달에 몹시 중요한 부분이다. 이곳은 출생

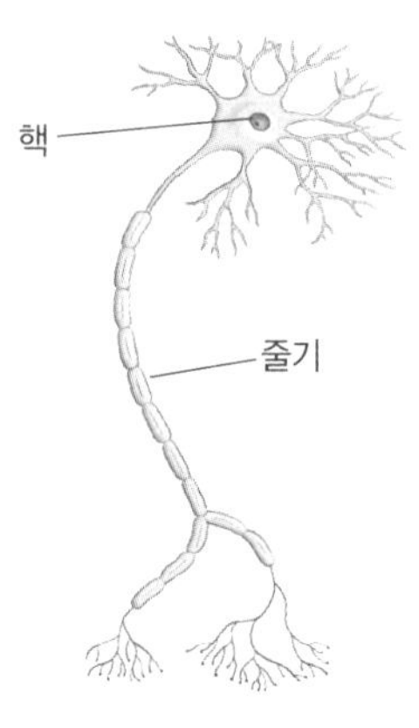

신경세포

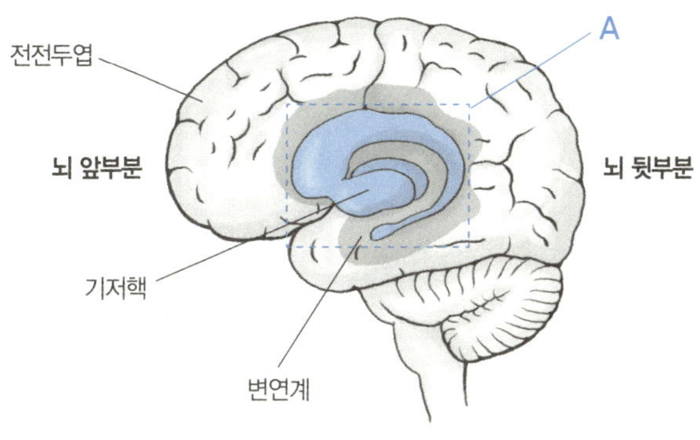

뇌 구조

때부터 활발한 기능을 하고, 변연계(감정, 수면, 식욕, 충동 조절과 의사소통 등의 본능을 담당하는 뇌 부위)와 연결되어 있을 뿐 아니라 각종 운동 및 감각 자극을 통합하고 집중력을 조절하는 역할도 한다. 최근의 뇌 영상 발달 연구에 의하면 본능을 담당하는 뇌 부위가 먼저 발달하고 나서 고차원적 기능을 담당하는 뇌 겉 부분의 신경세포 핵 부위가 나중에 발달한다고 한다.

그래서 0~만 3살까지의 아이들에게 가장 중요한 것은 두뇌 안쪽의 신경세포 핵 덩어리, 즉 A 부분을 발달시키는 일이다. 이 부분은 이 시기에 기능이 가장 활발하므로 제때 발달하지 못하거나 망가지면 사회성이 부족하고 정서 조절이 안 되는 아이로 성장하게 된다. 반면, 이 부분이 잘 발달한 아이는 훗날 사회성이 좋고 정서가 안정된, 건강한 사회 구성원으로 성장할 수 있다.

0~만 3살까지의 아이들에게 감각운동이 좋다고 권유하는 것도 바로 이러한 활동들이 A 부분을 발달시키는 데 도움이 되기 때문이다. 그러나 이 시기에 무엇보다 중요한 것은 부모의 따뜻한 사랑이다. 부모로부터 따스한 보살핌을 받으며 자란 아이들은 정서적 상호작용을 통해 이 부분이 잘 자극되므로 물리적 손상이 없다면 당연히 잘 발달하게 되어 있다.

그래서 이 시기에 디지털 기기에 빠진 아이들은 A 부분이 발달하는 데 어려움을 겪을 수밖에 없다. 디지털 기기는 다양한 감각운동을 할 수 있는 기회도 막아버리고 엄마, 아빠와 정서적인 교류를 할 시간도 빼앗아간다. 그러니 A 부분이 발달할 수 있는 여지가 없는 것이다.

사실 A는 개와 고양이 같은 동물들도 발달돼 있는 부분이다. 이곳이 먼저 잘 발달되어야만 그다음 전두엽이 발달하면서 보다 높은 차원의 사고를 할 수 있게 된다. 그리고 전두엽이 잘 발달되어야만 가장 고차원적인 뇌 부분이 발달하여 통합적 사고를 할 수 있게 된다.

그렇게 뇌는 특정한 과정을 거치면서 발달을 이루어나간다. 그런데 영유아기부터 디지털 기기에 노출된 아이들은 첫걸음부터 삐걱거리기 시작한다. 개와 고양이

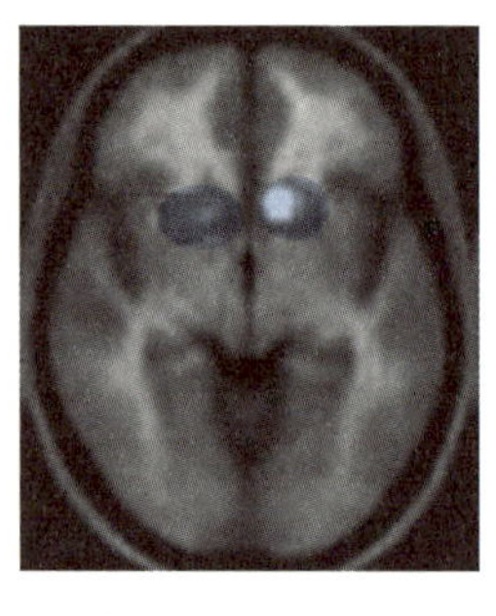

돌 전부터 영어비디오에 과하게 노출되어 사회성과 언어발달에 문제가 생긴 아이의 PET 뇌 촬영 사진. 표시한 부분이 기저핵(A의 일부)으로, 활성도가 저조함을 나타낸다.

같은 동물들도 잘 발달돼 있는 것이 바로 A 부분인데, 어렸을 때 잘못된 육아환경으로 인해 이 부분이 발달하지 못한다면 과연 어떤 모습으로 성장하게 될까?

쓰는 것만 발달시키고 안 쓰는 것은 지워버리는 뇌

사람들의 뇌는 대부분 비슷한 구조를 띠고 있다. 그러나 뇌신경회로의 구조와 기능은 개인에 따라 크게 차이가 난다. 그것이 바로 개인에 따라 뇌 발달이 다른 이유다.

뇌신경회로는 뇌신경세포들이 서로 연결하여 형성된다. 뇌신경회로의 기본적인 부분, 특히 정서와 사회성과 관련된 뇌신경회로의 60퍼센트가 완성되는 시기가 바로 0~만 3살 사이다. 이제 막 태어난 아기의 뇌신경세포는 연결이 많지 않고 둥둥 떠 있는 상태로 있다. 그러다가 어떤 자극을 받으면 서로 관련된 뇌신경세포끼리 연결된다. 어떤 소리를 듣는 것, 무언가와 접촉하는 것, 기분 좋은 냄새를 맡는 것 등 아기의 소소한 일상 자극이 뇌신경세포의 연결을 촉진하여 뇌신경회로의 구성을 활발하게 만든다.

그러다가 만 3살쯤부터 자주 사용하지 않는 뇌신경회로들을 없애기 시작한다. 사용하지 않아 불필요한 것은 없애고 필요한 것만 남겨서 뇌신경회로를 좀 더 효율적으로 운영하기 위한 과정이다. 이것을 '가지치기(pruning)'라고 한다.

예를 들어, 갓 태어난 아기의 눈을 몇 달 동안 가려놓으면 정상이었던 시력에 장애가 생기고 만다. 눈으로부터 들어오는 정보를 받아들여 처리하는 뇌신경회로가 만들어지지 않았기 때문이다.

만약 이 시기에 아이가 디지털 기기에 빠져 있다고 가정해보자. 디지털 기기 특유의 화려한 색채와 빠른 화면 전환, 그리고 '띠리리' 하는 기계음은 아이들이 특히 좋아하는 자극들이다. 그래서 한번 디지털 기기를 접하면 거기에 푹 빠지는 모습을 보인다.

디지털 기기를 사용할 때 이 아이의 뇌 속에서는 디지털 기기를 사용하는 데 필요한 뇌신경세포들이 서로 연결돼 뇌신경회로를 구성할 것이다. 디지털 기기에 빠진 아이들은 다른 재미에는 점점 무심해지므로 다른 감각과 관련된 뇌신경회로는 가지치기의 대상이 될 것이고, 결국 아이의 뇌는 가면 갈수록 디지털 기기의 자극에만 반응하여 중독으로 이어질 가능성이 다분하다.

요즘 아이들에게 가장 필수적인 장난감이 바로 스마트폰이라고 한다. 울고 있다가도 스마트폰을 통해 애니메이션 동영상을 보여주면 뚝 그치고, 지루해하다가도 스마트폰을 손에 쥐어주면 시간 가는 줄도 모르고 게임에 몰두한다. 심지어 자기가 원하는 애플리케이션을 직접 다운로드해 가지고 노는 유아들도 있다.

그런 모습이 걱정스러워 스마트폰을 그만 갖고 놀게 하고 싶어도 아이가 울고불고 난리를 치는 바람에 포기하는 부모가 많다. 이것은 이미 아이의 뇌 속에서 스마트폰의 자극을 원하는 뇌신경세포들이 너무 강하게 작용하고 있기 때문이라고 보면 된다.

아이들은 기능별로 발달시기가 정해져 있다. 그것을 가리켜 '결정적 시기' 혹은 '임계 시기'라고 부른다. 결정적 시기를 놓치면 뇌신경회로가 제대로 만들어지지 않기 때문에 그 기능은 소멸하거나 훼손되고 만다.

물론 회복할 수 있는 방법도 있다. 먼 훗날 아이가 정서발달이나 사회성 발달에 있어 문제를 보이면 그 기능이 발달되어야 했던 시기로 되돌아가 치료를 해주면 된다. 정서발달과 사회성 발달의 원천은 0~만 3살 사이에 만들어지니 그 나이대에 필요한 대화와 놀이를 하면 어느 정도 회복할 수 있다.

그러나 그게 대체 무슨 짓이란 말인가. 발달시기에 맞는 자극을 제때 주면 적은 투자로 큰 효과를 얻을 수 있는 것을, 왜 사서 고생하는 건지 안타까울 뿐이다. 또한, 한창 공부와 자기계발에 힘써야 하는 청소년기에 병원을 찾아와 제기차기와 고무찰흙놀이를 해야 하는 아이로서는 마른하늘에 날벼락이 아니고야 무엇이겠는가.

영유아는 디지털 기기로부터 격리시켜야 한다

앞에서 언급한 바대로 우리의 뇌는 쓰는 쪽만 발달하고 안 쓰는 쪽은 지워버리는 특징이 있다. 그래서 많은 전문가들이 뇌 발달의 불균형을 초래하는 디지털 기기를 영유아들의 일상에서 퇴출시킬 것을 강력하게 주장하고 있다. 그럼에도 불구하고 여전히 디지털 기기는 너무도 쉽게 아이들의 일상을 침범하여 놀이의 중심이 되고 있다.

유치원생들의 50퍼센트 이상이 컴퓨터를 사용하고 있다는 통계가 있을 정도로 우리나라에서는 너무 이른 시기부터 아이들이 디지털 기기에 노출된다. 우는 아이를 달래기 위해, 아이가 그것만 찾아대니까, 뭐라도 배울 수 있지 않을까 하는 기대감에, 잠깐은 괜찮지 않을까 싶은 오해로 인해 서슴없이 디지털 기기를 아이의 손에 쥐어주게 된다.

그러나 무심코 건넨 디지털 기기가 아이의 뇌에 치명적인 후유증을 남길 수 있다. 그러므로 영유아기 아이들의 일상에서는 반드시 디지털 기기가 사라져야 한다. 우는 아이를 달래고자, 학습에 있어 좀 더 흥미 있는 자극을 주고자, 좀 더 일찍 첨단기술을 접해 유행에 앞서가는 아이를 만들고자 아이 손에 디지털 기기를 쥐어주는 순간 아이의 미래에 어두운 먹구름이 잔뜩 드리워진다는 사실을 명심해야 할 것이다.

디지털 기기가
공부 못하는 뇌를 만든다

아이들의 학습에도 결정적 시기가 있다

0~만 3살까지의 뇌는 건강한 사회성과 안정적인 정서를 다지는 것이 최우선이 되어야 한다. 그래서 이때는 아무리 공부를 시키려고 해도 별다른 효과를 거두지 못할 뿐만 아니라, 사회성과 정서를 망가뜨리는 부작용만 경험하게 된다.

공부하는 뇌는 만 4살 이후부터 서서히 발달한다. 측두엽이 발달하여 효율적 장기기억이 가능해지기 시작하는 것이 바로 이 시기다. 또한 이때부터 전두엽이 발달하기 시작하면서 좀 더 고차원적인 사고를 할 수 있게 된다. 만약 0~만 3살 사이에 변연계를 포함한 기저핵이 잘 발달한 아이라면 공부에 대해서는 별다른 걱정을 하지 않아도 된다. 기저핵이 정상적으로 발달한 아이라면 전두엽 역시 순차적으로 자신의 역할을 척척 해낼 수 있기 때문이다.

만 4살 이후부터 학습이 가능해진다고 하더라도 본격적인 학습을 강요하는 것은 금물이다. 이 시기의 아이들은 끊임없이 질문을 쏟아낸다. 전두엽이 발달하면서 분석하고 추리하고 창조하는 능력이 생기기 때문에 그만큼 호기심이 많아지는 것이다. 그래서 이 시기에는 폭발적인 호기심을 채워줄 수 있도록 밖으로 나가 오감을 자극하는 직접체험을 하는 것이 가장 바람직하다.

만 10~11살, 그러니까 초등학교 4~5학년 정도가 되면 고도의 추상적 사고력이 가능해진다. 어렸을 때는 눈에 보이는 대로, 또 가르쳐주는 대로 고스란히 받아들인다. 그러다가 점차 사고력이 발달하면서 직접 보고 듣지 않아도 머릿속에서 주관이 생겨 새로운 개념을 만들어간다. 어릴 때는 그림책을 좋아하다가 성장하면서 그림 없는 책을 보면서도 상상으로 재미를 느끼게 되는 이치다. 그래서 남들과 다른 생각도 갖게 되고 똑같은 것을 창의적으로 해석하기도 한다. 이러한 능력이 바로 추상적 사고력이다.

한마디로 추상적 사고력은 내가 남과 다를 수 있는 구별점이 된다. 또한 창의적인 생각을 마음껏 발산할 수 있는 통로가 되기도 한다. 그래서 성숙한 사람일수록 추상적 사고력이 발달되어 있다.

추상적 사고력이 본격적으로 형성되기 시작하는 시기는 대략 초등학교 고학년 무렵부터다. 그리고 여자아이들이 남자아이들보다 조금 더 빠르게 발달한다. 또한 개인에 따라 1~2년 정도 차이가 나기도 한다. 성별이나 개인적인 성향에 따라 시간차를 두고 발달하기는 하지만 1~2년 정도의 차이는 모두 정상발달의 범주로 간주된다.

초등학교 고학년부터 청소년기에 이르기까지는 '기억의 책략'을 만드는 것이 인지기능 발달에 있어 가장 중요한 핵심이 된다. 기억의 책략은 쉽게 말해 어떤 것을 쉽게, 그리고 오랫동안 기억할 수 있는 자기만의 요령이다. 만약 잘 외워지지 않는 용어가 있다고 하자. 이때 어느 누군가는 자주 발음하여 입에 익힐 것이고, 또 다른 누군가는 복잡한 내용을 앞 글자만 따서 외울 것이다. 저마다 다른 기억의 책략이 있기 때문이다. 이처럼 기억의 책략은 획일적인 것이 아니라 개인의 기질, 성격, 환경에 의해 다르게 형성된다.

많은 양의 자극들을 장기기억으로 만들어 오랫동안 기억하는 능력 없이는 어렵고 복잡한 공부를 해낼 수 없다. 그래서 공부를 잘하는 학생일수록 자신만의 확고한 기억의 책략을 가지고 있다. 무수한 시행착오를 거치며 스스로 자신의 뇌에 맞는 기억의 책략을 터득한 것이다. 그래서 똑같은 시간을 공부해도 더 좋은 점수를 얻게 된다.

이처럼 공부에도 나이대에 맞는 발달과정이 있다. 그래서 공부도 발달과정에 맞춰서 전략을 짜면 훨씬 더 수월해지고 재미있을 수 있다. 조기교육과 선행학습이 아이들에게 결코 어떤 도움도 되지 못하며, 오히려 부작용만 일으킨다고 주구장창 이야기하는 것이 바로 그 때문이다.

그렇다면 디지털 기기는 어떨까? 만약 한창 공부를 해야 하는 시기에 디지털 기기의 간섭을 받으면 아이들의 뇌가 어떻게 왜곡되기 시작할까?

4살, 창의력과 사고력이 제한된다

만 4살 이후부터 공부하는 뇌가 만들어진다고는 하지만 그렇다고 본격적으로 공부를 시작하라는 말은 아니다. 이때는 공부를 잘할 수 있는 뇌를 만들기 위한 준비운동 과정이라고 생각하면 된다.

만 4~6살은 일생에서 가장 창의적인 연령이다. 어른들의 경우, 의자를 보면 사람이 앉을 수 있는 가구라는 것 외에는 별다른 생각을 떠올리지 않는다. 그러나 4~6살 아이들은 의자를 뒤집어 텐트를 만들기도 하고, 의자 여러 개를 붙여 울타리를 만들기도 한다. 객관적이고 논리적인 사고보다는 자기중심적 논리를 펴며 한없이 즐거운 상상의 나래를 펼치는 것이다.

따라서 이 시기에는 곧 창의력과 자신만의 논리를 극대화시키고, 배우고 익히는 것이 매우 즐거운 과정이라는 긍정적인 인식을 심어주는 것이 가장 중요하다. 그러므로 글자나 숫자와 같이 이미 어른에 의해 만들어진 자극보다 스스로 만들어 즐길 수 있는 자극을 주는 것이 훨씬 효율적이다. 이 말은 곧 두껍게 그려진 검은 선 안에 색깔을 입히는 색칠공부나 교재를 보며 정해진 순서대로 끼워 맞춰야 하는 블록 조립보다는 식물이나 줄, 타이어, 물감 같은 것을 준 뒤 자유롭게 놀 수 있도록 해야 한다는 뜻이다.

또 아이들이 "이건 뭐야?", "저건 왜 그래?"라고 물으면 곧바로 어른의 입장에서 답을 주는 것보다 스스로 생각해서 답을 찾아낼 수 있도록 유도하는 것이 좋다. "이건 사과야", "저건 높은 곳에서 떨어져서 깨진 거야"라고 직접적으로 대답하지 말고 "지윤이는 이것에 대해 어떻게 생각하니?"라고 되물어보는 식이다. 서로 묻고 대답하다 보면 아이의 사고력을 넓히고 창의력을 향상시킬 수 있다.

그런데 이 모든 것은 사람과의 상호작용을 통해서만 가능한 일이다. 디지털 기기는 답을 알려주기는 할지언정 더 깊은 생각을 유도하는 역할은 하지 못한다. 그저 기계 안에 저장된 기능에만 충실할 뿐이다. 그러한 과정이 반복되다 보면 아이는 어떤 사물이나 현상에 대해 더 깊이 생각해보고, 다르게 생각해보고, 바꾸어 생각해보는 그 어떤 시도도 하지 않게 된다.

요즘 아이들이 뭔가를 많이 아는 것 같기는 한데 깊이 있게 알지 못하는 것도, 진득하니 앉아서 한 가지 일에 몰두하지 못하는 것도 디지털 기기를 통해 단편적이고 획일적인 자극을 전달받는 학습에 익숙해져 있기 때문이다. 그야말로 디지털 기기가 아이들을 '헛똑똑이'로 만드는 것이다.

7살, 멀티태스킹이 집중력을 퇴화시킨다

디지털 기기의 특징 중에 하나가 멀티태스킹을 유도한다는 점이다. 안 그러려고 해도 어느새 나도 모르게 여러 가지 작업들을 동시에 하게 된다.

나 역시 디지털 기기를 다루다 보면 어느 순간 멀티태스킹을 하고 있는 내 모습을 발견하곤 한다. 인터넷 기사를 검색하다가 잠깐씩 시간을 내어 자료를 들추어 읽어보고, 혹시나 문자나 SNS 메시지가 오지는 않았는지 스마트폰을 들여다보게 된다. 한창 문서를 작성하다가도 내일의 날씨가 궁금해 날씨 관련 사이트에 들어가는 일도 있고, 그러다가 문득 눈에 띈 광고 페이지를 눌러 그것이 무엇인지 확인해보기도 한다.

이것은 나뿐만이 아니라 디지털 기기를 사용하는 사람들의 대부분이 하고 있는 행동들이다. 물론 아이들이라고 다를 바 없다. 멀티태스킹이 업무의 능률을 향상시킬 수 있다고 주장하는 사람들도 있으나,

혹시나 그것이 맞는 말이라고 해도 엄연히 어른들에 한해서다. 아이들의 경우 멀티태스킹은 집중력을 분산시켜 산만하게 만드는 주요 원인이 된다.

만 7살 이후부터는 집중력이 발달하기 시작한다. 그전까지만 해도 아이들은 무엇 하나를 꾸준히 갖고 놀지 못하고 이것저것 바꾸고 옮기는 행동을 일삼는다. 하지만 만 7살 이후부터는 하나에 집중을 해서 꾸준히 파고드는 능력이 상당히 발달한다. 그러나 디지털 기기 특유의 멀티태스킹은 아이들의 집중력 발달을 방해함으로써 공부를 못할 수밖에 없는 뇌를 만들어버린다.

디지털 기기를 통해 숙제를 하는 것도 집중력 발달에 걸림돌이 될 수 있다. 요즘 아이들은 주로 인터넷을 통해 자료를 찾고 궁금한 것을 해결한다. 무엇이든 필요한 것이 있으면 금세 찾아주고 국어, 수학, 과학, 영어 과목별로 다양한 콘텐츠를 제공하니 부모 입장에서는 그만큼 고마운 학습도우미가 없을 것이라고 생각할 수도 있다.

인터넷은 '정보의 바다'라는 별칭답게 떠다니는 정보의 양이 정말 어마어마하다. 그래서 원하는 정보를 검색하며 기대 이상으로 많은 자료들을 펼쳐 보여준다. 다양한 정보에 빠르고 쉽게 접근한다는 것이 당장은 유익하게 느껴질 수 있다. 그러나 빠르고 쉽게 접근한 만큼 그에 따르는 대가를 치러야 한다.

우선 방대한 자료를 쉽게 찾을 수 있기 때문에 한 가지 주제에 몰입하지 못하는 경향이 있다. 키워드 하나로 검색만 하면 그와 관련된 수십, 수백 가지의 문서가 줄 서서 대기하고 있기 때문에 하나하나 깊이 있게 탐색하지 못하고 이것저것 대충 보고 넘기게 된다. 이런 태도로는 당장 필요한 것을 해결할 수는 있어도 그것이 머릿속에 의미 있는 지식으로 남지는 않는다.

샛길로 빠지기 쉽다는 것도 디지털 기기를 이용한 학습의 맹점이다. 예를 들어, '나로호'에 대해 조사하는 과제를 해결하기 위해 인터넷에 접속했다고 하자. 그럼 아이가 나로호에 대한 자료만 찾고 바로 끝낼까? 그런 아이도 간혹 있겠지만 대다수의 아이들은 나로호에 대한 자료를 찾는 것은 잠깐이고 금세 다른 궁금증을 해결하려고 할 것이다. 좋아하는 만화책 시리즈가 다음 권이 나왔는지, 이번 주 가요프로그램 1위는 누가 했는지, 나와 친한 친구들이 블로그에 새로운 사진을 올리지는 않았는지…….

이렇게 되면 다른 일로 시간을 너무 허비하는 데다 정작 나로호에 대한 것을 철저하게 공부하기가 어려워진다. 그래서 디지털 기기를 이용한 학습은 아이들의 집중력을 분산시켜 학습의 질을 떨어뜨려 놓는 결과를 초래할 수 있다.

9살, 고요한 독서 세계를 말살시킨다

만 9~10살 이후부터는 추상적 사고력이 아이의 학습능력과 성숙도를 판단하는 기준이 된다고 해도 과언이 아니다. 그런데 추상적 사고력을 키우는 데 가장 좋은 수단이 독서라는 데는 아무도 이의를 제기하지 않는다. 책을 읽다 보면 그 속에 등장하는 문장의 의미를 나름대로 해석해야 한다. 나만의 독서 세계에서는 내 생각대로 해석하고 이해하는 것이 자유롭다. 어떤 장면에 대해서도 마음껏 상상하여 머릿속에 그려볼 수 있다. 그 과정에서 저절로 추상적 사고력이 길러진다. 또한 추상적 사고력이 발달하면 발달할수록 보다 높은 수준의 책을 읽는 것이 가능해진다.

그런데 디지털 기기는 모든 것을 적나라하게 보여주기 때문에 머릿속에서 정리할 것도 없고 해석할 것도 없다. 각종 정보가 넘쳐흐를 정도로 많으니 한 가지에 대해 깊이 생각해볼 겨를도 없다. 그래서 디지털 기기에 빠져 있는 아이들은 추상적 사고력이 발달하기 어렵다.

대개 어렸을 때는 그림책이나 학습만화 같은 종류의 책을 좋아하다가 초등학교에 들어가서 학년이 높아질수록 동화책을 선호하는 모습을 보인다. 보통 만 9살, 그러니까 초등학교 3학년 정도가 되면 그림 없는 동화책에 흥미가 생긴다. 그 사이 추상적 사고력이 발달했기 때문에 그림 없이 글자만으로도 얼마든지 독서의 재미를 느낄 수 있게 된 것이다. 동화책을 읽으며 추상적 사고력을 더욱 발달시켜나가면 소설이나 인문서도 얼마든지 소화할 수 있게 된다.

그러나 디지털 기기에 빠지면 필연적으로 독서를 멀리하게 된다. 디지털 기기에 빠져 있느라 독서를 할 겨를이 없는 것이다. 그러다 보니 추상적 사고력이 발달할 리 없고, 추상적 사고력이 발달하지 않으니 독서의 즐거움을 느낄 수 없는 악순환이 계속된다. 그래서 초등학교 고학년이 되어도 여전히 글자는 적고 그림만 많은 만화책에만 눈독을 들인다.

실제로 컴퓨터게임에 빠져 진료실을 찾은 중학교 2학년 남자아이에게 《톰 소여의 모험》을 건네면서 읽어보라고 한 적이 있었다. 그러나 아이는 몇 장 읽지 못하고 무슨 말인지도 모르겠고 재미도 없다면서 덮어버렸다. 추상적 사고력이 발달하지 않은 탓에 주인공 톰의 신나는 모험 속으로 빠져들지 못하니 재미를 느끼지 못하는 것이다.

1445년, 독일의 구텐베르크가 금속활자술을 발명하면서 일부 귀족층의 전유물로 여겨졌던 책이 대중들에게 널리 퍼지기 시작했다. 책을 통해 대중들은 이전과 비교되지 않을 만큼 많은 지식을 쌓았다. 책으로 인해 지식혁명이 일어난 것이다. 덕분에 인류의 사고는 획기적으로 발달하기 시작했다.

TV나 영사기 같은 미디어 기기가 개발되었을 때까지만 해도 책의 영향력은 줄지 않았다. 미디어 기기가 더 많은 감각을 자극하여 흥미를 유발하기는 했지만, 그래도 사람들은 독서를 통해 깊이 있는 지식을 얻는 것을 멈추지 않았다. 그런데 각종 디지털 기기들이 등장하면서 사정은 완전히 달라졌다. 놀라운 정보의 양과 오락적인 요소는 책의 필요성을 단번에 망각하게 만들고야 말았다.

그로 인해 사람들의 추상적 사고력은 점점 퇴화하고 있다. 이미 발달된 어른들의 추상적 사고력도 퇴화하고 있는 판에 아직 발달하지도 않은 어린아이들의 추상적 사고력은 과연 어떤 결과를 초래할지 걱정스럽기 그지없다. 그래서 인터넷에서 본 어려운 단어를 입으로 내뱉기는 하지만 그 단어의 진정한 뜻을 몰라 응용도 못하고 글짓기에 활용할 줄도 모르는 사람이 되어가는 것이다.

청소년기, 기억의 책략이 불가능해진다

앞에서도 이야기했다시피 청소년기의 시험 점수와 등수를 결정하는 것은 기억의 책략이다. 기억의 책략이라는 것이 무엇인지를 알기 위해서는 우리의 기억이 갖는 유효기간에 대해 알아야 한다.

사람의 기억은 순간기억과 단기기억, 그리고 장기기억으로 나뉜다. 순간기억은 짧으면 20~30초, 그리고 길어 봤자 수분 동안 지속되는 기억이다. 좀 인상 깊었던 일이라면 하루를 넘기기도 한다. 단

기기억은 그래도 며칠 동안은 지속되는 기억이다. 마지막으로 장기기억은 오래오래 남아 있어 필요할 때마다 꺼내어 쓸 수 있는 기억을 말한다.

보통 한 번 보고 끝난 것은 순간기억으로 남는다. 오늘 스쳐 지나갔던 사람, 방금 알게 된 전화번호, 무심코 했던 말이나 행동은 순간기억으로 남아 금세 잊힌다. 시험을 위해 며칠 전부터 달달 외웠던 학습 내용은 단기기억으로 남는다. 시험이 끝나면 아무런 미련 없이 사라지는 지식이니 온전한 지식으로 남을 리가 없다.

필요할 때마다 두고두고 꺼내 쓰기 위해서는 장기기억 속에 담아둬야 한다. 장기기억으로 남는다는 것은 어떤 경험이나 지식이 뇌에 정착되었다는 것을 뜻한다. 한 번 정착된 지식은 웬만한 일이 있지 않고서는 지워지지 않기 때문에 필요할 때마다 무한하게 활용할 수 있다. 오랜만에 만난 친척이라도 한눈에 알아볼 수 있는 것, 한국어를 언제든지 자유자재로 구사할 수 있는 것은 장기기억으로 남았기 때문이다. 내가 아이들을 상담하고 처방을 내릴 수 있는 것도 장기기억 덕분이다. 의대에 다니면서 공부했던 의학 지식들을 필요할 때마다 꺼내 쓰고 있는 것이다.

단기기억에서 장기기억으로 넘어가는 데 중요한 역할을 하는 것은 우리 뇌의 해마다. 사람들은 각자 이 해마를 이용하여 단기기억을 장기기억으로 만드는 자신만의 방법, 즉 기억의 책략을 갖게 된다. 잘 외워지지 않는 단어를 자주 발음하여 입에 익히거나 복잡한 내용을 앞 글자만 따서 외우는 것이다. 이것이 저마다 다른 기억의 책략이다.

아이들이 공부를 잘하기 위해서는 바로 장기기억이 발달해야 한다. 그런데 디지털 기기를 이용한 학습은 즉흥적이고 일회성을 띠기 때문에 순간기억 혹은 기껏해야 단기기억으로 남는다. 워낙 시각적인 자극이 강하게 전해지기 때문에 아이들이 흥미를 보이지만, 그것을 기억하는 시간은 그다지 길지 않다.

또한, 디지털 기기로 필요한 정보만 찾아보는 것이 습관이 되면 해마가 발달하지 않아 지신만의 기억의 책략을 만드는 것이 불가능해진다. 더 나아가 디지털 기기로 학습하는 것이 습관이 되면 아이의 뇌는 단기기억에서 장기기억으로 넘어가려는 시도조차 하지 않는다. 결국 디지털 기기가 우등생으로 가는 길을 차단하는 결과를 낳고 마는 것이다.

디지털 기기 때문에 밖에서 뛰어놀지 않는 것도 문제다

나는 아이들이 즐겁게 뛰어노는 모습을 보면 그렇게 기분이 좋을 수가 없다. 땀을 뻘뻘 흘리면서도 쉬지 않고 뛰어다니는 아이들의 얼굴은 늘 웃음으로 가득하다. 설사 웃고 있지 않더라도 충분히 즐겁고 행복해 보인다.

잘 뛰어노는 아이는 정신적으로나 신체적으로 매우 건강하다. 그것은 이미 너무나도 잘 알려진 사실이고 또 누구나 인정하는 사실이다. 그러나 아이들이 신나게 뛰어놀아야 하는 중요한 이유가 한 가지 더 있다. 몸을 움직이면서 뛰어노는 것은 학습능력에도 꽤나 긍정적인 영향을 끼치기 때문이다.

학습은 정서와도 떼려야 뗄 수 없는 관계를 가지고 있다. 뇌의 기능은 기분이 좋을 때, 즉 긍정적인 기분에서 최적의 상태가 된다. 다시 말해, 기분이 좋아야 공부를 잘할 수 있다는 말이다.

아이들은 놀 때 가장 기분이 좋다. 몸을 움직여 뛰어놀면 몸에서 '세로토닌'이라는 호르몬이 나오게 된다. 세로토닌이 많이 분비될수록 기분이 좋아지고 행복함을 느낀다. 특히 밖에서 놀 때 세로토닌이 더 왕성하게 분비된다. 햇볕이 있을 때 세로토닌이 더 원활하게 분비되기 때문이다.

그런데 가끔 이렇게 반문하는 사람도 있다.

"우리 아이는 게임을 할 때 기분이 가장 좋다는데요?"

물론 게임을 할 때도 행복을 느끼게 해주는 '도파민'이라는 호르몬이 분비된다. 그런데 요 녀석은 세로토닌과는 좀 다른 성질을 가지고 있다. 세로토닌은 꾸준히 지속되는 행복 호르몬인 데 반해 도파민은 유효기간이 아주 짧은 행복 호르몬이다. 게다가 도파민은 늘 더 크고 강한 것을 느낄 때만 분비되는 경향이 있어 중독성을 보이기도 한다. 그래서 도파민이 분비될 때 느껴지는 것은 '행복'이 아니라 '쾌락'이라고 보는 것이 맞다.

게임에 빠진 아이들이 늘 자극적이고 새로운 놀 거리를 찾는 것은 바로 도파민 때문이다. 게임보다 더 강한 자극은 또 다른 게임밖에 없으니, 밖에서 노는 것보다 새로운 게임을 찾아 더 많은 점수와 아이템을 획득하는 것에 몰두하는 것이다. 더 많은 점수와 아이템을 획득했다고 해서 행복한 것도 아니다. 다시 그보다 더 높은 목표를 이루고 싶어 조바심만 날 뿐이다.

그래서 디지털 기기에 빠져 있는 아이는 현재도 걱정이지만 미래는 더욱 걱정스럽다. 디지털 기기 자체가 안고 있는 해로움을 고스란히 흡수하는 것도 모자라 건강하게 성장하도록 돕는 가치 있는 경험들을 놓치고 있기 때문이다.

디지털 세상에 더욱 빠져들게 만드는 것들

디지털 기기에 취약한 유형의
아이들이 있다

똑같은 환경에서도
누구는 중독되고 누구는 관심 없다?

큰아들 경모는 어렸을 때부터 심하게 기계류에 탐닉하는 편이었다. 어려서는 기차와 조립식 경주차 같은 장난감에 집착했다. 가장 좋아하는 놀이가 철길이나 기차역을 방문하여 기차를 관찰하는 것이었는데, 멀리서도 새마을호와 무궁화호를 한눈에 알아보는 능력으로 모두를 놀라게 했었다. 조립식 경주차도 거의 매주 사서 조립을 했다. 스스로 조립하다가 어려운 부분을 만나면 삼촌과 아빠를 졸라서라도 완성을 하곤 했다.

그러던 경모가 초등학교에 입학한 이후 컴퓨터게임에 매달리기 시작했다. 학교에서 사귄 친구 집에서 컴퓨터게임을 접하고 나서 아예 다른 놀이에는 관심을 끊은 것이었다.

그때부터 나는 컴퓨터게임과 힘겨운 줄다리기를 해야 했다. 게임을 많이 하지 못하도록 감시하기 위해 컴퓨터를 거실에 내놓았는데, 한밤중에 몰래 일어나서 게임을 하는 것을 보고 기겁을 한 적도 있다. 이후 밤마다 키보드를 빼서 내 베개 위에 두고 잤는데, 급기야 친구에게 키보드를 빌려와 몰래 게임을 하는 지경에 이르렀다.

결국 평일에는 컴퓨터게임을 하지 않는 대신 토요일 하루만 오후 6시부터 잠잘 때까지 자유롭게 할 수 있게 규칙을 정했다. 물론 평일에 게임을 하다가 걸리면 주말에 게임하는 시간을 한 시간씩 빼버리는 조항이 그 안에 포함되어 있었다. 이렇게 하자 그런 대로 조절이 되기 시작했다.

하지만 시험이 다가오거나 스트레스가 쌓이면 몰래 PC방에 가서 게임을 하느라 학원을 빼먹는 날이 많았다. 그래서 남편과 나는 늘 집과 학교 근처의 PC방을 주시해야 했다.

여러 명이 한꺼번에 접속하여 경쟁을 하는 MMORPG(다중 접속 온라인 역할 수행 게임)가 나오자 경모의 집착과 과몰입 증상은 더욱 심해졌다. 사춘기 아들을 기르는 부모로서 이렇게 중독성이 강한 게임을 만들어내는 게임업체와, 산업진흥을 이유로 이를 끝없이 지원하는 정부의 정책에 대해 원망스러운 마음이 들 정도였다. 더구나 경모는 틱 장애를 앓고 있어, 컴퓨터게임을 많이 하고 나면 틱 증상이 너무 심해져 보기조차 딱했었다.

작은아들 정모는 형과는 달리 가만히 앉아 기계를 만지는 놀이에 관심이 없었다. 밖에 나가 운동을 하고 뛰어노는 것이 정모의 가장 큰 낙이었다. 집 안에서 놀 때조차도 TV나 컴퓨터에는 별다른 흥미를 보이지 않았다.

내가 두 아들을 특별히 다른 환경에서 다른 방식으로 키운 것도 아닌데 디지털 기기를 대하는 아이들의 태도는 완전히 달랐다. 그것은 아이의 기질과 관계가 있다. 같은 환경에서 성장하더라도 누군가는 좀 더 디지털 기기에 깊이 빠져드는 모습을 보이고 누군가는 별다른 관심을 보이지 않는다. 다시 말해, 디지털 기기에 취약한 아이의 기질이 따로 있다고 할 수 있다.

디지털 기기에 취약한 기질 ①
부정적 정서를 가진 아이

"사는 게 별로 재미가 없어요. 엄마는 매일 잔소리만 하고 아빠는 매일 늦게 들어오는데 가끔 일찍 들어오더라도 피곤하다고 잠만 자요. 유치하게 행동하는 친구들도 짜증 나고 담임선생님이 잘난 척하는 것도 보기 싫어요."

컴퓨터에 빠진 초등학교 4학년 아이가 "요즘 어떻게 지내니?"라는 나의 질문에 대답한 말이다. 굳이 전문가가 아니더라도 이 아이가 상당히 부정적인 정서를 갖고 있음을 확연하게 느낄 수 있을 터다. 이제 막 만 10살을 넘긴 아이가 마치 세상을 다 산 사람인 양 회의적인 말들을 쏟아내는 모습에 당황스럽기도 하면서 안타깝기도 했다.

우울이나 불안, 분노, 두려움 등이 많은 아이일수록 부정적 정서가 두드러진다. 보통 어렸을 때 학대 혹은 방치를 경험했거나 성장과정 중에 스트레스를 많이 겪은 아이들은 부정적 정서가 커진다. 극복할 수 없는 스트레스, 즉 트라우마를 갖고 있는 아이들도 필연적으로 부정적 정서를 갖게 된다.

부정적 정서를 갖고 있는 아이들은 거의 늘 기분이 좋지 않다. 나쁜 기분을 스스로 조절할 수 있는 에너지와 요령이 없기 때문이다. 그래서 나쁜 기분을 없애기 위해 보다 빠르고 손쉬운 수단을 찾게 된다. 그 조건에 딱 맞는 것이 하나 있는데, 그것이 바로 디지털 기기다.

이런 이유로 부정적 정서를 갖고 있는 아이들은 디지털 기기에 쉽게 빠져든다. 디지털 기기뿐만 아니라 쉽게 기분을 달랠 수 있는 것이라면 무엇이든 중독되는 모습을 보일 수 있다. 술이나 도박, 약물, 게임에 중독되는 사람들 중에는 평소 부정적 정서를 많이 가지고 있는 사람들이 대부분이다. 우울이나 불안을 스스로 조절하지 못해 이런 것들에 의지하는 것이다. 그래서 부정적 정서를 갖고 있는 아이들은 디지털 기기는 물론이거니와 중독증을 야기하는 다른 요소들에 대해서도 경계를 늦추지 말아야 한다.

청소년기에 이르러 유난히 디지털 기기에 집착이 심해지고 중독성이 깊어지는 이유는, 청소년기의 뇌가 우울증에 걸린 사람들의 뇌와 비슷한 특성을 보이기 때문이다. 보통 우울증에 걸린 사람들은 '슬픔', '전쟁', '죽음' 등과 같은 단어에 뇌가 더 민감하게 반응한다. 그런데 보통의 청소년기 뇌 역시 우울증에 걸린 성인과 유사한 반응을 보인다고 한다. 사춘기 때 감정 변화가 심하고 다소 부정적인 생각을 많이 하게 되는 것은 청소년기 뇌 발달의 특징인 셈이다.

그러므로 부정적 정서를 가진 아이, 혹은 청소년기에 들어선 아이가 디지털 기기에 집착한다면 무조건 못 하게 하고 볼 일이 아니다. 나름대로 우울감이나 불안감을 없애기 위해 노력을 기울이는 과정이라고 이해해주어야 한다. 그러나 그것이 결코 건강한 방법은 아니니 다른 방법으로 전환할 수 있도록 도와줄 필요는 있다. 그 과정이 수월하게 이루어지기 위해서는 아이의 우울감이나 불안감을 달래주는 일부터 시작해야 한다.

혼자가 더 편안한 아이

어려서부터 친구들과 함께 있기보다 혼자 지내는 것을 선호하는 아이들이 있다. 소심하고 겁이 많은 체질을 타고난 아이들의 경우 이런 경향이 누구보다 강하다. 이런 부류의 아이들은 다른 사람들과 어울리고 싶은 마음은 간절하나 너무나도 극성맞은 친구들이 두렵게 느껴져서 차라리 혼자 노는 쪽을 선택하는 것이다.

사회성 자체가 선천적인 이유로, 혹은 후천적으로 부족하게 된 아이들 역시 혼자 지내는 것을 더 좋아한다. 선천적으로 사회성이 떨어진다고 하는 것은 자폐 성향을 가졌다는 것을 의미한다. 또 후천적으로 사회성이 부족하게 된 아이들은 어려서 부모로부터 공감을 많이 받지 못했거나 조기교육을 심하게 받은 등 뇌에 사회적 자극이 결여된 경우다.

혼자 지내는 것을 선호하는 아이의 경우, 디지털 기기를 친구 삼아 놀 수 있기 때문에 중독으로 빠질 가능성이 매우 크다. 게다가 이런 아이들이 디지털 기기에 빠져들면 혼자 있는 시간이 더더욱 늘어, 심한 경우에는 아예 집 밖에 나오지도 않는 은둔형 외톨이로 전락할 수도 있다.

그래서 아이가 혼자 지내는 것을 더 편하게 생각한다면 적극적으로 나서서 도움을 주어야 한다. 내 아이가 소심하고 겁이 많다면 어려서부터 자신과 잘 맞는 친구를 찾아 어울리도록 배려를 하고, 부모 역시 야단을 치기보다는 부드럽게 격려하는 것이 몹시 중요하다. 소심한 아이의 경우, 일단 주변을 안전하게 느끼면 적극적인 태도로 친구들과 놀 수 있게 되고 사회성도 발달할 수 있다.

적절치 못한 양육으로 인해 아이가 후천적으로 사회성이 부족해진 경우라면 아이와 정서적으로 교감하는 시간을 늘려야 한다. 특히 맞벌이 부부의 경우, 아이와 함께하는 시간이 절대적으로 부족하므로 이 부분에 더더욱 신경을 써야 한다. 그렇다고 해서 주말마다 아이가 좋아하는 놀이공원에 가라는 말은 아니다. 놀이공원에 가면 아이들은 부모보다는 놀이기구에 정신이 빼앗겨 오히려 정서적으로 교감할 기회가 더 없어질지도 모른다. 그보다는 집에서 함께 요리를 하거나 가까운 곳에서 산책을 하며 아이와 눈을 마주치고 이야기를 나눌 수 있는 시간을 늘리는 것이 더 효과적이다.

선천적으로 사회성이 결여된 아이, 즉 자폐 성향을 가진 아이라면 어려서부터 적극적인 치료를 통해 증상을 개선시켜야 한다. 또한, 자폐 성향을 가진 아이는 더욱더 철저하게 디지털 기기와 거리를 유지해야 한다. 이런 아이들은 자신이 선호하는 몇 가지 자극에 지나치게 매달리는 증상이 있는데, 그 몇 가지 자극 중에 디지털 기기가 포함된다면 거의 끊어내기가 불가능해진다. 따라서 자폐 성향을 지닌 아이들은 가급적 디지털 기기를 접하는 연령을 늦출 수 있도록 부모의 도움과 학교의 배려가 무엇보다 중요하다.

산만하고 충동적인 아이

유난히 산만하거나 혹은 충동적인 행동을 일삼아서 부모의 골머리를 지끈지끈하게 만드는 아이들이 있다. 이런 아이들 역시 쉽게 디지털 기기에 빠져드는 모습을 보인다. 이와 같은 성향을 가진 아이들이 바라는 바와 디지털 기기가 가지고 있는 특성이 더할 나위 없이 좋은 궁합을 이루기 때문이다. 둘 사이에 딱 맞는 궁합이라는 것은 바로 '끊임없이 이어지는 강한 자극'을 말한다.

산만하고 충동적인 아이의 경우 디지털 기기 사용에 있어 특히 더 주의를 기울여야 한다. 디지털 기기 자체가 아이의 산만함과 충동성을 더욱 부채질할 수 있기 때문이다. 처음에는 단지 인지적인 스타일이 남들보다 조금 산만하고 충동적인 정도에 불과하다 하더라도 시간이 지나 정도가 심해지면서 ADHD나 틱 장애로까지 이어질 가능성이 있다.

또한, 이런 아이들의 경우 디지털 기기에 한번 빠져들면 좀처럼 헤어나오지 못해 중독 증상까지 이어지는 경우가 다분하다. 앞에서도 말했다시피 디지털 기기 특유의 강한 자극성은 산만하고 충동적인 아이들이 애타게 갈구하는 바이기 때문에 그것을 떨쳐내기란 결코 쉽지 않다.

산만하고 충동적인 아이가 디지털 기기 앞에서 유난히 강한 집중력을 보이고 갑자기 얌전해지는 것도 경계의 대상이다. 평소 아이의 행동에 혀를 내둘렀던 부모가 얌전하게 집중하는 모습에 감탄하여 디지털 기기를 구세주처럼 생각할 수 있기 때문이다. 그래서 아이가 산만하고 충동적인 모습을 보일 때마다 오히려 부모가 먼저 디지털 기기를 권유하는 기현상이 발생할 수도 있다. 아이의 행동이 개선되는 것이 아니라 오히려 더 증폭되고 있다는 사실을 모른 채 말이다.

산만하고 충동적인 아이들은 오히려 밖으로 내보내 그 성향을 마음껏 발산하도록 하는 것이 좋다. 아이의 유별난 면이 하나의 개성일 수 있으며, 성장하는 과정 중의 한 단계라고 이해해주는 것도 중요하다.

역대 훌륭한 위인이라고 꼽히는 사람들의 어린 시절을 살펴보면 산만한 기질을 가진 경우가 종종 있다. 2차 세계대전의 영웅이라고 일컬어지는 영국의 처칠은 어린 시절 공부에 집중하지 못해 집안의 골칫덩이였다고 한다. 산만한 성향 때문에 가정교사를 붙여도 도망을 다니고 엄격한 사립학교에 적응을 못했던 것이다. 어미닭을 대신해서 달걀을 품었던 에디슨 역시 엉뚱한 질문과 독특한 행동으로 정규 학교에서 쫓겨났다고 한다. 그래서 결국 그의 어머니가 홈스쿨링을 통해 학습을 시킬 수밖에 없었다.

특별한 행동을 하는 아이가 특별한 사람이 될 수 있다. 그러므로 산만하고 충동적인 행동을 억누르기 위해 굳이 디지털 기기를 가까이 할 필요가 없다. 오히려 그런 면을 건강하게 발산할 수 있도록 돕는 것이 필요하다.

디지털 기기에 빠진 부모가
디지털 키즈를 만든다

디지털 기기에 빠진 부모 때문에
아이가 가짜 성숙해진다고?

맞벌이를 하느라 평소에 아이와 함께 있어주지 못하는 것이 늘 미안했던 엄마가 이번 주에는 큰마음 먹고 아이와 함께 외출을 하기로 했다. 그런데 어디로 가야 아이가 좋아할지 막막하기만 한 것이 아닌가. 그래서 얼른 컴퓨터를 켜고 '아이와 함께 나들이하기 좋은 곳'을 검색해봤다. 추천 장소가 이곳저곳 검색되자 하나하나 들어가 보면서 꼼꼼하게 따져보았다. 그중에서 가장 마음에 드는 나들이 장소를 발견하고는 뿌듯한 마음을 감출 수 없었다.

미안하지만, 나는 이 엄마에게 그다지 큰 점수를 줄 수가 없다. 아이와 함께하는 것이 절대적으로 부족한 것이 미안해 아이와 함께 외출을 하여 오붓한 시간을 보내겠다고 마음먹은 것까지는 아주 좋았다. 그런데 꼭 인터넷으로 검색을 하며 장소를 찾아내야 했을까? 아이를 위해 결심한 일인데, 엄마가 인터넷 검색을 하는 동안 아이는 또다시 홀로 방치되어 있을 게 뻔하지 않은가.

외출 장소를 아이와 함께 의논해서 결정하는 것은 어땠을까. 아이가 가고 싶은 곳, 아이가 하고 싶은 것을 고려해서 아이와 함께 정했으면 훨씬 더 의미 있는 시간이 되지 않았을까.

디지털 기기는 아이의 뇌를 망가뜨리고 아이의 발달과정을 엉망으로 만드는 주범이면서, 더불어 엄마와 아이 사이의 애착을 망가뜨리는 주범이기도 하다. 엄마가 TV나 컴퓨터, 스마트폰에 빠져 아이와 함께하는 시간이 극히 부족한 경우가 너무나도 많기 때문이다. 엄마와의 안정적인 애착관계를 통해 세상이 안전하고 믿을 만한 곳임을 배워나가야 하는 아이에게는 비극도 이런 비극이 없다.

앞에서 언급한 것처럼 아이는 주양육자인 엄마로부터 공감능력을 습득하고 감정을 조절하는 요령도 배워나간다. 그런데 엄마가 디지털 기기에 빠져 이런 역할을 해주지 못하면 아이는 공감능력이 부족하고 감정을 제대로 조절하지 못하는 가짜 성숙한 아이가 될 수밖에 없다.

기계에 빠져 내 아이를 제대로 돌보지 못하는 것이 얼마나 얼토당

토않은 일인가. 그것을 알면서도 손에서 놓지 못한다면 그것은 아이를 방치하는 것과 다를 바 없다.

부모가 먼저 롤모델이 되어야 한다

요즘 소아과 외래에 가보면 진풍경이 벌어진다. 아픈 아이를 곁에 두고 대부분의 엄마들이 스마트폰 삼매경에 빠져 있는 것이다. 아이를 옆에 두고 아이가 아픈 것을 어딘가에 세세히 보고하기라도 하는 듯 스마트폰으로 열심히 채팅을 하고 있는 엄마를 본 적도 있다. 40도를 오르내리는 고열에 시달리고 있던 아이는 그저 멀뚱멀뚱 천장만 바라보고 있었다.

아이와 함께 놀이터에 놀러 나온 엄마가 스마트폰에 빠져 아이의 안전을 제대로 살펴보지 못하는 사이 아이가 꽈당 넘어지는 일도 목격했었다. 그런데 그다음이 더 가관이었다. 아이가 울음을 터트리자 엄마는 고개를 들어 힌 번 힐끗 쳐다보고는 무심하게 "괜찮아. 얼른 일어나" 하면서 다시 스마트폰에 열중하는 것이었다. 아무리 많아 봤자 4살을 넘기지 않았을 아이의 눈에는 눈물이 그렁그렁하게 맺혀 있는데 스마트폰에 빠져 있는 엄마에게는 그것이 대수롭게 보이지 않았던 모양이었다.

그런 모습들을 보고 있노라면 나는 아이들이 마음속으로 어떤 생각을 하고 있을지가 가늠이 되어 애처롭기 짝이 없다. 너무 아프고 힘이 드는데 정작 엄마는 내 얼굴을 살피지 않고 스마트폰 화면만 살피고 있다면 얼마나 서운할까. 뛰어다니다가 넘어져서 엄마의 위로가 필요한데 아무 일 아니라는 듯이 넘기며 스마트폰만 들여다보고 있으니 얼마나 원망스러울까.

이런 모습을 보며 자란 아이들은 그것을 고스란히 답습할 수밖에 없다. '아이들 앞에서는 숭늉도 함부로 마시지 마라'라는 속담은 아이들은 어른들의 모습을 그대로 보고 배우니 모든 말과 행동을 신중하게 해야 한다는 말이다. 그래서 디지털 기기에 푹 빠진 부모 밑에서 성장한 아이들은 그렇지 않은 경우보다 훨씬 더 중독 위험성이 커진다.

게다가 디지털 기기에 빠진 부모로 인해 제대로 된 보살핌을 받지 못한 아이들은 정서적으로 여러 가지 문제점이 발생할 수 있다. 무엇보다 우울이나 불안, 분노 등을 제대로 조절하지 못하는 상태, 즉 부정적 정서를 가진 아이로 성장할 수 있다. 또한, 선천적으로 순한 기질을 타고난 아이들도 따뜻한 보살핌을 받지 못하면 언제든지 부정적 정서를 가진 아이로 변할 수 있다.

이 모든 것이 아이를 디지털 기기로 빠져들게 만드는 원인이 된다. 그래서 나는 가급적 아이 앞에서는 스마트폰 사용을 자제하자는 범국

민 캠페인이라도 벌이고 싶은 심정이다. 아이를 디지털 기기로부터
지켜내기 위해서는 반드시 부모가 먼저 디지털 기기를 경계하고 멀리
하는 모습을 보여주어야 하기 때문이다.

디지털 기기에
정복당한 교육환경

선생님 대신 수업을 장악하는 디지털 기기

요즘 초·중·고등학교를 막론하고 교실에 대형 TV와 컴퓨터가 설치되지 않은 학교를 찾아보기가 힘들다. 공개수업에 참여했던 부모들의 이야기를 들어보면, 선생님이 분필을 잡고 칠판에 글씨를 쓰는 횟수보다 컴퓨터 마우스를 클릭하는 횟수가 훨씬 더 많다고 한다. 선생님이 마우스 조작으로 재미난 장면을 대형 모니터 화면에 띄우면 아이들은 곧 열혈 시청자가 되어 모니터 화면에 푹 빠지는 것이다. 공개수업을 할 때도 이 정도인데 평소 수업에서는 얼마나 자주 디지털 기기가 학습도구로 활약할지 충분히 짐작하고도 남는다.

학원도 다를 바 없다. 웬만한 학원에서는 예습과 복습을 컴퓨터로

하는 시스템을 오래전부터 갖추어놓고 있다. 하루에 정해진 수업 시간 중 일정 부분을 과감하게 떼어내어 컴퓨터를 이용한 문답풀이에 할당하는 경우도 비일비재하다.

외국의 일부 연구에 의하면, 컴퓨터를 학습교재로 사용할 경우 흥미를 유발하여 도움이 된다고는 한다. 그러나 그것은 어디까지나 '흥미 유발'일 때만 수긍할 수 있는 부분이다. 우리나라 아이들은 이미 흥미 유발이라는 말이 무색할 만큼 디지털 기기에 너무 많이 노출되어 있다. 디지털 기기를 흥미 유발을 위한 도구가 아닌 공부부터 놀이까지 모든 것을 책임져주는 만능 해결사쯤으로 여기고 있는 상황이다.

게다가 우리나라는 치열한 경쟁 위주의 입시교육 속에서 놀이에 대한 욕구를 오로지 컴퓨터 혹은 4인치 모니터에 의존하여 해결하고 있다. 그럼에도 불구하고 흥미 유발을 위해 디지털 기기를 사용한다니……. 그런 명분은 전혀 설득력이 없다.

교과서도 탈바꿈하는 스마트한 교육 현실?

사실 요즘 아이들의 주변 환경을 살펴보면 오히려 아이들이 디지털 기기에 빠지지 않는 게 이상할 정도다. 주위의 모든 환경이 디지털 기기로 둘러싸여 있는데, 그것에 접근하고 활용하는 것에 대해 일말의 경계심이라도 가질 리가 있겠는가.

지금도 차고 넘친다. 종류도 너무 다양하고 노출되는 시간도 지나치게 길다. 이 세상의 모든 디지털 기기들이 아이들의 눈을 사로잡고 마음을 빼앗고자 서로서로 열띤 경쟁이라도 벌이고 있는 듯하다.

그런데 최근 학교에서 배우는 교과서도 단말기처럼 생긴 디지털 교과서로 대체될 것이라는 소식이 들려오고 있다. '스마트 교육(smart education)'이란 다소 억지스러운 이름까지 갖다 붙인 상태다. 작금의 상황만으로도 지나치다 싶은데 거의 마지막 보루라고 할 수 있는 교과서조차 디지털 기기로 바꾸려는 시도를 하고 있다는 게 심히 우려스럽다. 만약 디지털 교과서로 바뀐다면 아이들의 교육환경이 완전히 디지털 기기에 정복되는 셈이니까 말이다.

이런 현상에 대해 학부모들은 절대로 간과하고 좌시해서는 안 된다. 아이들은 빠르고 정확하게 배우는 것보다 느리게, 시행착오를 겪더라도 제대로 된 과정을 통해 지식을 쌓는 것이 중요하다. 여기에서 '제대로 된 과정'이란 스스로 답을 찾고 좀 더 깊이 있게 생각하며, 개똥철학에 불과하더라도 자신의 의견을 당당하게 발표하고 친구들의 의견과 어떤 점이 다른지 비교하는 것을 말한다. 나만의 공부 방법, 즉 기억의 책략을 만들어 공부하는 것도, 한 번 외우고 잊어버리는 일회성 지식이 아닌 뇌에 장기기억으로 정착시켜 필요할 때마다 두고두고 꺼내 쓰는 것도 포함된다. 즉 예전의 아날로그 방식으로 공책에 꾹꾹 눌러가며 글자를 쓰고, 책을 읽다가 중요한 부분에 줄을 긋는 과정들이 필요한 것이다.

이런 공부 방식은 디지털 기기가 절대 해결해줄 수 없는 형태다. 그러므로 내 아이가 정말 제대로 된 공부를 하기를 바란다면 디지털 기기에 야금야금 잠식되어가고 있는 우리의 교육환경을 개탄해야 한다.

디지털 기기가 따라붙지 않는 유아용 교구가 없다

유아교육 환경이라고 해서 디지털 기기로부터 자유로울 수는 없다. 최근의 유아교육 시장을 훑어보면 디지털 기기가 포함되어 있지 않은 상품을 거의 찾아볼 수가 없다. 동물이나 사람 모양을 한 기계가 영어 단어를 알려주기도 하고, 연필처럼 생긴 기계로 그림책을 꾹꾹 누르면 그 그림과 관련된 소리나 노래가 흘러나오기도 한다.

심지어는 엄마 대신 명작동화를 들려주는 인형도 있고, 책의 내용을 종이가 아닌 빔 프로젝터 안에 담아둔 교재도 있다. 바쁘고 힘든 엄마를 대신해서 책을 읽어주라는 의미로 만들어낸 도구 같은데, 그것이 가져올 결과에 대해서는 냉정하게 생각해봐야 한다.

굳이 교구를 구입하지 않더라도 컴퓨터를 통해 인터넷에 접속만 하면 보물창고와 같은 사이트들을 쉽게 찾을 수 있다. 사랑스러운 캐릭터가 등장하여 구구단도 가르쳐주고 한자도 가르쳐준다. 예쁜 율동에 맞춰 노래를 따라 부를 수 있는 사이트도 있다. 스마트폰 또한 다양한 교육용 애플리케이션을 마련해놓고 아이들의 간택을 기다리고 있다.

관련 상품들이 끊임없이 쏟아지고 있다는 것은 그에 대한 수요가 끊임없이 이어진다는 것의 방증이다. 그리고 많은 엄마들이 유아기부터 디지털 기기를 이용해 공부를 시킨다는 사실도 알려준다.

유아기에도 디지털 기기가 어느 정도 흥미 유발에 도움이 될 수는 있다. 그러나 딱 거기까지다. 깊이 있는 학습이 불가능하기 때문에 의미 있는 결과를 만들어낼 수는 없다.

게다가 디지털 기기는 아이들의 흥미를 유발시키는 것에 만족하지 않고 기필코 아이들의 혼을 빼놓고야 만다. 그래서 흥미를 유발한답시고 디지털 기기를 아이 손에 쥐어주는 순간, 아이의 뇌는 디지털 기기의 강한 자극에 취하기 시작할 것이다. 이것이 바로 빈대 잡으려다 초가삼간 다 태우는 꼴이 아니고 뭐겠는가.

뭐라도 하나 더 팔아야 이익을 남길 수 있는 관련업체의 상술은 어느 정도 이해가 간다. 사기를 쳐서 먹고 사는 사람도 있는 판국에 그래도 정식으로 물건을 만들어 판매하는 것에 문제를 제기할 수는 없다. 물론 아이들이 좋아할 만한 요소들을 범벅하여 하나라도 더 팔려고 혈안이 되어 있는 모습이 좀 얄밉기는 하다. 하지만 그것이 장사를 하는 사람들에게는 정해진 운명인 걸 어떡하랴.

잘못은 그 얄팍한 상술에 넘어가서 쉽게 구입하는 부모들에게 있다. 판매자들의 유려한 말솜씨에 넘어가, 마치 어떠한 특정 교구가 우리 아이를 영재로 만들어 명문대학교에 보내줄 거라 믿는 바로 그 헛된 욕망 말이다.

이 세상에는 평범한 내 아이를 순식간에 영재로 만들어주는 그 어떤 교구도 없다. 더군다나 디지털 기기를 이용한 공부는 아이를 영재로 만들어주기는커녕 가짜 성숙한 아이로 만드는 지름길이 된다. 그동안은 몰라서 영업사원들의 그럴듯한 상술에 속았다면 이 책을 읽은 후부터는 절대로 그런 우를 범하지 않았으면 한다.

성취지향적인 사회와
아이의 스트레스

성취지향주의에 내몰린 아이들이
디지털 기기에 빠져들고 있다

1990년에 개봉되어 현재까지도 명작 중의 명작으로 꼽히는 영화 〈죽은 시인의 사회〉에는 지독하리만큼 출세지향적인 부모가 등장한다. 물론 최고의 명문 웰튼 고등학교에 자녀를 입학시킨 모든 부모들이 출세지향적인 면이 있지만, 그중에서도 주인공 닐의 아버지는 유난히 출세에 집착하는 단호한 아버지였다.

닐의 아버지는 닐이 의사가 되기를 바랐고, 그것을 위해 공부에만 열중하기를 바랐다. 그러나 닐은 연극에 푹 빠져 아버지 몰래 연극부에 들어갔다. 결국 아들이 연극부에 들어간 사실을 알게 된 닐의 아버지는 닐의 공연을 보게 되었다. 하지만 성공적인 공연을 본 뒤에도 닐의 아버지는 마음이 돌아서지 않았고, 오히려 닐에게 크게 화를 내며 당장 군사학교로 전학 보내겠다고 으름장을 놓았다. 바로 그날 밤, 닐은 아버지의 권총을 꺼내들고 자살을 선택했다.

이것이 제발 영화 속에서나 일어나는 일이라면 얼마나 좋을까. 그러나 이런 모습은 현실 속에서도 비일비재하게 일어난다. 성취지향주의, 성적지상주의로 인해 우리나라의 학생들은 참으로 고통스러운 학창시절을 보낸다.

우리나라 부모들의 성취지향주의는 전 세계에서 둘째가라면 섭섭할 만큼 아주 유명하다. 그에 대한 부작용으로 나타난 것이 바로 조기교육과 선행학습이다.

디지털 기기에 중독된 탓에 일상생활이 엉망이 되어 진료실을 찾은 아이들을 상담하다 보면 거의 대부분의 아이들에게서 발견되는 점이 있다. 바로 과거에 조기교육에 시달린 적이 있거나 현재 선행학습으로 인해 많은 스트레스를 감당하고 있다는 사실이다.

이것은 사실 놀랄 일이 아니다. 첫 책《현명한 부모는 아이를 느리게 키운다》를 통해서 이미 조기교육과 선행학습의 폐해에 대해 강력하게 역설한 적이 있기 때문이다.

조기교육과 선행학습은 앞서 말했듯이 발달단계에 맞는 적절한 학습 자극이 아니다. 아이들이 소화하지 못하는 지식을 끊임없이 강요하는 꼴이다. 아이들은 그것이 대체 뭔지도 모르겠고 왜 해야 하는지도 모르겠으나 어른들이 강요를 하니 일단 달달 외워버린다. 이 과정이 반복되면서 뭔가를 스스로 탐색하여 알고자 하는 본능적인 욕구가 사라지고, 알려주는 대로 달달 외우는 수동적인 학습에 익숙해져 버린다.

그러나 아이가 지식을 외우는 데는 한계가 있다. 그것은 필연적인 결과다. 발달장애 증상이 있지 않는 한 보는 대로 읽는 대로 달달 다 외울 수는 없다. 그럼에도 불구하고 성취지향주의에 빠져 있는 부모들은 가르쳐주는 대로 따라오지 못하는 아이를 비난하고 나무란다. 그것을 일종의 채찍질이라고 생각하면서.

하지만 부모의 잔소리와 비난은 아이에게 부정적인 자아상을 심어준다. 자신이 감당할 수도 없고 소화할 수도 없는 지식을 강요당하는 상황에서 부모로부터 비난에 가까운 잔소리를 듣게 되면 아이의 자아상에는 커다란 생채기가 생기게 된다. 그래서 '나는 꽤 괜찮은 사람이다', '나는 유능한 사람이다', '나는 좋은 사람이다'와 같은 긍정적인 자아상이 아닌 '나는 너무 바보 같아', '나는 할 줄 아는 게 없어', '나는 엄마, 아빠를 실망시키는 아이야'와 같은 부정적인 자아상이 만들어진다.

부정적인 자아상을 갖고 있는 아이들은 늘 어둡고 주눅 들어 있다. 이런 상황에서 디지털 기기를 만나면 아이는 무한한 해방감을 느끼면서 걷잡을 수 없이 빠져들게 된다. 디지털 기기가 선사하는 가상세계 안에서는 무기력하고 무가치한 자신의 모습을 숨길 수 있기 때문이다. 강하고 현명한 또 다른 나로 다시 태어나는 것도 너무나 매력적인 일이다. 모든 것이 내가 원하는 대로 이루어지는 가상세계는 억압받고 강요당하는 현실로부터 탈출할 수 있는 너무나 완벽한 도피처인 셈이다.

그래서 조기교육과 선행학습으로 힘들었던 기억을 갖고 있는 아이들은 그렇지 않은 아이들보다 디지털 기기에 빠질 수 있는 확률이 훨씬 높다. 이러한 아이들 중에는 초등학교 때까지는 좋은 성적을 유지하다가 어느 순간 갑자기 디지털 기기에 빠져들면서 성적이 뚝뚝 떨어지는 모습을 보이는 경우가 많다. 그것은 바로 디지털 기기가 주는 짜릿한 해방감을 떨쳐내지 못하기 때문이다.

스트레스에서 멀어지는 만큼 디지털 기기에서 멀어진다

영국의 대표적인 아동발달센터인 안나 프로이트 센터 소장이자 런던대학교 심리학 교수인 피터 포나기 박사가 2009년에 우리나라를 방문했을 때 이런 말을 한 적이 있다.

"한국인들은 상당히 문명화되어 있고 예의도 바르고 기술의 발전 또한 세계적 수준인 좋은 나라다. 하지만 내가 어린이라면 결코 살고 싶지 않다. 아이들이 너무 불행해 보인다."

세계적인 심리학자가 보았을 때도 우리나라의 아이들이 그다지 행복해 보이지 않았나 보다. 실제로 경제협력개발기구(OECD) 국가 아이들을 대상으로 한 삶의 만족도 조사에서 우리나라 어린이와 청소년의 행복지수가 가장 낮은 것으로 나왔다.

우리나라 아이들이 행복하지 않은 이유는 '공부' 때문이다. 유아들은 조기교육으로 인해, 초등학생들은 선행학습으로 인해, 청소년들은 입시경쟁으로 인해 늘 과한 스트레스를 안고 살아간다.

어른들은 "열심히 공부해서 좋은 대학에 가면 고생 끝 행복 시작"이라는 말로 위로한다. 그렇지만 행복한 적이 없었던 아이들이 좋은 대학에 들어간다고 갑자기 행복해질 수 있을까?

아이들이 행복했으면 좋겠다는 생각은 어느 부모나 할 것이다. 그런데 아이들은 공부를 해야 하는 것이 힘들고 괴롭다고 한다. 그렇다고 공부를 안 시킬 수는 없다. 이 딜레마를 해결하는 방법은 의외로 아주 간단하다.

아이들에게 공부가 지긋지긋한 건 자신이 소화할 수 없는 정보를 억지로 구겨 넣어야 하기 때문이다. 자신이 소화하지 못하는 정보는 일방적으로 받아들여야 하므로 재미도 없고 이해하기도 어려운 것이다. 그래서 조기교육과 선행학습은 아이들에게 너무 불행한 일이다.

그러니까 아이들의 눈높이에 맞는 학습이 이루어지면 된다. 유아들이 글자를 쓰는 것보다 그림그리기를 더 좋아하는 건 그 시기의 뇌가 그런 자극들을 더 즐겁게 받아들이기 때문이다. 성인에게 물감을 주며 마음껏 그림을 그려보라고 하면 거의 대부분이 귀찮다고 손사래를 칠 것이다. 이렇듯 발달단계별로 뇌가 좋아하는 자극이 있다.

자신이 충분히 소화할 수 있는 자극이 주어지면 자연스럽게 능동적인 주체가 되어 그것을 탐구하기 시작한다. 그 과정은 지루하지도 힘겹지도 않다. 그것이 행복한 공부, 진짜 공부의 비결이다.

전 세계에서 가장 좋은 교육환경을 가지고 있어 교육 1번지라고 불리는 핀란드에서는 취학 전에 문자나 수 교육을 시키는 것을 금하고 있다고 한다. 유아기 때 가장 중요한 것이 집중력과 창의력을 기르는 것인데, 문자나 수 교육은 그것을 망치는 요소이기 때문이다.

굳이 어렸을 때부터 문자교육과 수 교육을 받지 않더라도 핀란드 아이들은 세계에서 공부를 가장 잘한다. 핀란드는 경제협력개발기구에서 3년마다 실시하는 국제학업성취도평가(PISA)에서 2000년부터 계속 1위를 차지하고 있다. 게다가 아이들이 행복지수도 가장 높게 나타나고 있다.

국제학업성취도평가에서 핀란드에 이어 2위를 차지한 나라가 바로 우리나라다. 그런데 참 이상하다. 학업성취 면에서 1위를 차지한 핀란드는 아이들의 행복지수도 1위인데, 우리나라는 학업성취 면에서는 2위지만 행복지수는 꼴찌다. 그 이유를 조기교육과 선행학습에서 찾아볼 수 있지 않을까? 유치원에서 문자를 가르치는 나라는 전 세계에서 대한민국뿐이라는 이야기도 있다.

현재의 삶이 행복하고 만족스러운 아이일수록 디지털 기기에 빠져들 확률이 지극히 낮아진다. 디지털 기기로부터 즐거움을 찾으려고 하는 아이들은 뭔가 불안하고 우울하고 불만스러운 경우가 대부분이다. 디지털 기기 중독뿐만 아니라 모든 중독 증상의 이면에는 이러한 부정적인 정서가 자리 잡고 있다.

내 아이가 일류대학을 졸업하고 좋은 직장에 들어가 사회적으로 성공을 거두는 것은 모든 부모의 바람일 것이다. 그러나 모든 아이들이 다 1등을 할 수 있는 것은 아니다. 1등을 하는 아이가 있으면 2등과 3등, 그리고 꼴등을 차지하는 아이도 있게 마련이다.

물론 내 아이가 1등을 하고 최고의 자리에 오를 수 있으면 더할 나위 없이 좋겠지만, 설사 그렇지 못하더라도 이 세상에는 그 이상의 가치가 많이 있다는 사실을 알아야 한다. 그러므로 안 되면 되게 하라는 식의 성공스토리에 집착하면 안 된다. 내 아이의 성공보다 더 중요한 것은 바로 내 아이의 행복이다. 행복한 아이가 성숙한 아이로 성장한다는 것은 두말할 필요도 없는 사실이다.

아이의 삶에는 여백이 필요하다

내가 어렸을 때는 놀이터나 공터에 친구들이 모이면 진흙으로 밥을 짓고 풀을 뜯어다 반찬을 만들어 노는 게 예사였다. 여자아이들이 모여 고무줄놀이를 하면 어김없이 짓궂은 남자아이가 다가와서 고무줄을 끊고 도망갔던 기억도 생생하다. 공책을 다 쓰면 부리나케 표지를 찢어 딱지를 접은 뒤 그것을 가지고 딱지치기를 하기도 했다. 별것도 아닌데 딱지를 잃은 날은 내 살을 도려낸 듯 왜 그렇게 속상했는지 모르겠다.

그 시절, 놀이란 놀이는 정말 다 해본 것 같다. 아마도 장난감이 없었던 시절이라 가능했을 것이다. 기껏해야 공기, 고무줄, 제기, 구슬, 딱지 정도가 아이들이 가질 수 있는 장난감의 전부였으니 말이다. 그래서 그 시절에는 새로운 놀이거리를 찾기 위해 연구에 연구를 거듭할 수밖에 없었다.

그때의 그 아이들이 어느덧 초·중·고등학생을 자녀로 둔 학부모가 되었다. 학부모가 된 우리 세대는 늘 푸념하듯 말한다. 요즘 애들은 너무 나약해서 철이 안 든다고, 어쩜 그렇게 정이 없고 삭막하냐고, 버르장머리가 없어서 어른을 공경할 줄 모른다고…….

그렇다면 한번 생각해볼 부분이 있다. 과연 어른들은 아이들에게 철이 들고 성숙해질 수 있는 기회를 준 적이 있을까? 아이가 충분히 경험하고 좌절하고 극복할 수 있도록 뒤에서 묵묵히 기다려주기는 했을까? 아이가 심사숙고해서 스스로 판단하여 결정할 수 있을 만한 시간적 여유를 줘보기는 했을까? 하나라도 더 쉽게 가르쳐주기 위해 보다 빠르고 편리해 보이는 디지털식 학습에 매달리지는 않았나? 심심하다고 징징거리는 아이가 귀찮아서 함께 놀아주기보다 디지털 기기를 손에 쥐어주고는 아이가 알아서 감정을 추스르기를 기다렸던 적은 없을까?

아이들은 심심할 때 주변을 탐색하고 뭔가를 하려고 시도한다. 여기에서 놀 만한 게 없나 기웃거려보고, 저기에 있는 저 물건은 뭐 할 때 쓰는 것인지 궁금해하기도 한다. 심심하면 놀이를 직접 만들어 놀기도 한다. 스스로 규칙을 만들고 작전도 짜면서 심심하지 않을 수 있는 놀이를 구상한다. 그 과정이 창의력 발달, 상상력 발달의 바탕이 되는 것이다.

그러나 디지털 기기가 판치는 세상에서 살고 있는 아이들은 심심할 겨를이 없다. 그래서 귀찮게 주변을 탐색할 필요도 없고 골치 아프게 놀이를 만들어 놀 필요도 없다. TV나 컴퓨터를 가지고 놀면 굳이 친구들의 비위를 맞추면서까지 놀지 않아도 되고, 또 훨씬 즐겁기까지 하다. 가짜 성숙한 아이로 성장하기에 딱 알맞은 환경이 만들어지는 것이다.

아이들의 삶에는 경험을 하고 판단을 하고 결정을 할 수 있는 시간이 필요하다. 그러니 아이의 일상에도 여백을 좀 두어야 한다. 그 여백을 채워나갈 궁리를 하면서 아이들은 조금씩 조금씩 성숙해지는 것이다.

HAPPY

내 아이를 지키는 똑똑한 디지털 페어런팅

디지털 페어런팅에
답이 있다

디지털 기기 없이는 살 수 없는 세상
vs. 디지털 기기 때문에 망가지는 아이

"여기를 가도 저기를 가도 디지털 기기가 지천에 깔려 있어서 아무리나 혼자 발버둥 쳐봤자 아무 소용이 없더라고요."

강연에서 만났던 어느 부모의 하소연이다. 물론 그 어려움을 모르는 것이 아니다. 디지털 기기가 상용화된 시대를 살고 있기 때문에 그나마 디지털 기기에 대해 경각심을 가지고 있던 부모들도 속절없이 무너지기 일쑤다.

워낙 디지털 기기가 일상생활의 한 부분이 되다 보니 디지털 기기를 다룰 줄 모르는 사람은 원시인 취급받기 딱 좋다. 이러한 시대상 때문에 아이들 역시 초등학교 1학년만 되어도 보란 듯이 스마트폰을 가지고 다니며 능숙하게 다룬다. 그래서 아이에게 디지털 기기를 사주고 싶지 않아도 혹시나 내 아이가 놀림을 당할까 싶어 걱정스런 마음에 울며 겨자 먹기 식으로 사주는 경우도 많다.

막상 사주고 나서는 주구장창 디지털 기기만 들여다보고 있는 아이 때문에 후회막심하다. 마약과도 같은 디지털 기기가 내 아이의 성적뿐만 아니라 인성까지 갉아먹을 것 같아 조바심이 나는 것이다. 안 사주면 걱정, 사주면 후회……. 그야말로 너무나 심각한 딜레마가 아닐 수 없다.

아이들에게는 디지털 기기를 아예 차단하는 것이 최선책이다. 하지만 이미 디지털 기기에 정복당한 세상에서 아이를 키워야 하는 이상 원천봉쇄하는 것은 어려운 일이 되고 말았다. 그렇다면 얼른 차선책을 찾아서 대처해야 한다. 그렇다면 과연 차선책은 무엇일까? 만연된 디지털 기기 사용으로 아이들의 뇌가 망가지고 정서가 불안정해지는 이때, 가장 현실적이면서도 효율적인 차선책을 찾는 것이 관건일 것이다.

디지털 세상 속 아이 지키기, '디지털 페어런팅'

아이가 건강하고 올바르고 똑똑하게 자라기 위해서는 부모의 적절한 '페어런팅(육아법)'이 필요하다는 사실은 누구나 알고 있다. 어떻게 페어런팅을 하느냐에 따라 아이의 인성과 감성, 재능이 좌우된다는 사실 또한 모르는 사람이 없다.

마찬가지로, 아이가 디지털 기기를 사용하는 데 있어서도 적절한 페어런팅이 필요하다. 이른바 '디지털 페어런팅' 말이다. 디지털 기기에 대한 문제도 다른 일반적인 육아문제와 마찬가지로 페어런팅을 어떻게 하느냐에 따라 결과가 크게 달라진다.

횡단보도를 건널 때, 아이가 아직 어리다면 부모는 자연스럽게 아이의 손을 잡아준다. 아이는 안전에 대한 개념이 턱없이 부족하기 때문에 안전하게 길을 건너기 위해서는 그렇게 하는 것이 마땅하다. 디지털 세상에서도 마찬가지다. 디지털 기기를 처음 접하는 아이들은 처음 걸음마를 배울 때처럼 위태롭기 그지없다. 그래서 부모가 아이의 손을 꼭 잡고 가이드라인을 제시해주는 안내자 역할을 반드시 해야 한다. 그것이 바로 디지털 페어런팅이다.

디지털 페어런팅의 핵심은 디지털 기기를 다룰 때 할 수 있는 것과 하지 말아야 할 것에 대해 명확하게 선을 긋는 일이다. 디지털 기기 사용에 대해 허용할 건 허용하고 통제할 건 통제하면서, 그리고 양보

할 건 양보하고 나무랄 건 나무라면 디지털 기기가 가져다주는 부작용이 그다지 치명적이지 않을 수 있다.

어차피 디지털 기기 없는 일상이 불가능해진 세상이라면 무조건 피하는 것보다 적절히 대처하는 자세가 필요하다. 그러므로 디지털 기기를 사줘야 하나 말아야 하나 하는 고민이 끝났다면, 고민 끝에 사 주기로 결정했다면 그 즉시 디지털 페어런팅이 이루어져야 한다. 특히 스마트폰이나 컴퓨터게임 같은 경우에는 한번 습관을 들이면 나중에 고치기가 힘들기 때문에 아예 구입하기 전부터 미리 규칙을 정해놓고, 아이가 그에 대해 동의를 했을 때 구입하는 것이 좋다.

교육 선진국은 이미 디지털 페어런팅에 주목하고 있다

디지털 기기에 푹 빠져드는 아이들을 보며 한숨을 짓고 있는 것은 비단 우리나라뿐만이 아니다. 중국은 물론이거니와 미국, 영국, 호주, 스위스, 핀란드, 캐나다, 프랑스 등 소위 말하는 교육 선진국들 역시 디지털 기기 사용으로 점점 피폐해지고 있는 아이들의 정신건강에 대해 우려를 나타내고 있다.

그런데 우리나라와 다른 점은, 문제를 인식하는 데 그치지 않고 적극적으로 해결 방법을 모색하고 있다는 것이다. 그래서 각 가정마다 디지털 기기에 대한 사용 수칙을 정하여 철저히 지키려는 노력을 기울이고 있다. 이른바 '디지털 페어런팅'의 중요성을 깨닫고 실천하고 있는 중이다.

각 가정뿐만 아니라 정부 차원에서도 여러 가지 규제를 통해 디지털 기기가 아이들의 건강을 해치는 것을 막고 있다. 프랑스에서는 이미 초·중등학교에서 휴대폰 사용을 금지하고 있고 2010년에는 어린이와 청소년의 스마트폰 사용을 규제하는 법률을 공포하기도 했다. 독일이나 핀란드에서도 어린이들이 휴대폰을 사용하지 않도록 권고하고 있다. 미국, 호주, 캐나다, 일본 및 스위스는 전자파의 피해를 막기 위해 전자파 인체 보호기준을 법으로 규제하고 있을 정도다. 영국은 게임중독자를 치료하기 위한 의료시설까지 개설해놓았다.

그런데 정작 전 세계적으로 온라인게임이나 스마트폰 사용 중독률이 가장 심각하다고 알려진 우리나라에는 마땅한 규제가 없는 실정이다. 정부 차원의 규제는 둘째치고 가정에서조차 디지털 기기 사용에 대한 별다른 통제가 이루어지지 않고 있다.

감성코칭도 중요하고 학습코칭도 중요하다. 하지만 요즘은 그 무엇보다 디지털 기기에 대한 코칭이 중요해졌다. 주변 환경이 온통 디지털 기기로 둘러싸여 아이의 뇌가 무차별하게 공격당한다면 감성코칭도 의미 없고 학습코칭도 소용없기 때문이다. 그래서 디지털 페어런팅에 주목해야 하는 것이다.

IT 초강국 대한민국이라서 더욱 절실하다

엄마, 아빠가 총출동해서 갖은 방법을 다 동원해도 온라인게임의 유혹에서 완전히 벗어나지 못했던 경모가 어느 순간 온라인게임을 딱 멈춘 계기가 있었다. 바로 미국 유학이다. 미국으로 유학을 간 이후 경모는 점점 온라인게임에서 멀어지더니 언제 그랬냐는 듯이 온라인게임을 잊고 공부에 매진하기 시작했다.

그런데 그렇게 된 계기라는 것이 내가 봐도 참 우스꽝스럽다. 미국에서 게임중독 증상을 고칠 수 있었던 것은 다름 아닌 인터넷이 잘 안되는 환경 때문이었다. 미국의 인터넷은 속도가 그다지 빠른 편이 아니기 때문에 우리나라에서만큼 흥미진진한 게임을 즐길 수 없었던 것이다. 경모가 유학을 간 이유가 반드시 게임중독 증상을 고치기 위해서만은 아니었지만, 인터넷을 마음껏 쓸 수 없는 환경이 결국 경모를 건강한 성인으로 자랄 수 있도록 도움을 준 것은 분명하다.

컴퓨터게임에 몰두하는 자녀 때문에 고민을 털어놓는 부모가 있으면 나는 게임 자극을 접하기 어려운 환경을 만들어볼 것을 권한다. 게임을 할 수 없는 상황이면 어쩔 수 없이 멀어질 수밖에 없기 때문이다. 그래서 게임에 중독된 아이들은 일단 컴퓨터나 스마트폰으로부터 격리를 시켜야 한다.

그런데 사방팔방이 디지털 기기로 둘러싸여 있는 IT 초강국 대한민국에서는 그것이 말처럼 쉽지가 않다. 내 집을 디지털 기기 없는 환경으로 만들었다고 하더라도 당장 집 밖으로 나가면 학교, 학원, 문화 시설, 놀이시설, 쇼핑센터 등이 전부 디지털 기기로 중무장하고 있으므로 별도리가 없다.

그래서 내가 게임에 중독된 아이들을 치료할 때 최후의 히든카드로 쓰는 방법이 게임으로부터 격리될 수 있는 시골집으로 보내는 것이다. 게임에 중독된 아이들이 고요하고 적막한 시골집에서 지내는 것은 쉬운 일이 아니다. 그때부터 아이는 자신과의 싸움을 시작한다. 처음에는 "심심해", "짜증 나", "뭐하지?"를 번갈아가며 연신 내뱉는다. 그러다가 심심함과 지루함을 견디다 못해 주위를 두리번거리기 시작한다. 눈에 띄는 것이 있으면 그것을 가져다가 만져보기도 한다. 그렇게 조금씩 개선해나가는 것이다.

그러나 웬만큼 심각한 경우가 아니고서야 아이를 혼자 시골집에서 수십 일 동안 지내게 하기란 쉽지 않다. 방학 동안 인터넷이 잘 안 되는 곳으로 가족 여행을 가거나 일정 기간 캠프를 보낼 수도 있겠지만, 그 짧은 기간에 대단한 개선이 이루어지리라고 기대하는 것도 무리다.

이런 이유로 디지털 페어런팅은 디지털 기기로부터 아이들을 지킬 수 있는 유일한 대안이 될 수밖에 없다. IT 초강국 대한민국에서 아이를 키우고 있는 이 땅의 부모들로서는 그것을 선택사항이 아닌 의무사항으로 받아들여야 한다.

현명한 부모가 알아야 할
디지털 페어런팅 원칙 7

원칙1 '무엇'보다 중요한 것은 '언제' 사주느냐다

디지털 기기를 접할 때 가장 중요한 요소 중 하나가 바로 '언제' 시작하느냐다. 그런데 많은 엄마들이 '언제' 시작하느냐보다 '어떤 기종'을 사줄 것이냐, '어떤 요금제'를 선택할 것이냐, '어떤 통신사'를 이용할 것이냐에 더 많은 관심을 기울이는 듯하다. 하지만 디지털 페어런팅을 제대로 하기 위해서는 반드시 '언제' 사주어야 할지에 대해 진지하게 고민하고 정확한 답을 찾는 것이 중요하다.

늦으면 늦을수록 좋기는 하지만, 사실 무조건 늦게 시작한다고 능사는 아니다. 오히려 어렸을 때부터 노출된 아이들은 적절한 페어런팅을 통해 올바른 습관을 들이는 것이 가능할 수 있다. 반면, 초등학교 고학년이나 청소년기부터 시작한 아이들 중에 부모와 소통이 잘 되지 않는 아이들은 통제할 길이 없어 오히려 더욱 나쁜 결과를 초래할 수도 있다.

그러므로 적당한 시기를 잘 골라야 하는데, 적당한 시기라고 판단되는 몇 가지 조건들이 있다. 우선 아이가 엄마의 통제하에 있을 때 사주어야 한다. 기본적으로 디지털 페어런팅은 아이가 엄마의 통제하에 있을 때 가능하기 때문에 이 조건이 충족되어야 한다.

그런데 통제라고 해서 강압적이고 일방적인 관계를 떠올리면 큰 오산이다. 엄마와 아이가 애착관계가 좋고 사이가 원만할수록 통제가 잘된다. 강압적이고 일방적인 관계에서는 억지로 따르는 척하는 것뿐이지 그것을 스스로 판단하여 실천하는 것이 아니다.

엄마와 아이의 사이가 좋을 때 시작하는 것도 중요한 관건이다. 사이가 좋지 않은 상태에서 디지털 페어런팅을 시작하면 가뜩이나 안 좋았던 사이가 더 극단으로 치닫게 된다. 그러므로 아이에게 늘 따뜻한 사랑과 관심을 베푸는 엄마와 그런 엄마의 마음을 잘 헤아려주는 아이가 서로의 입장을 잘 배려할 수 있을 때 시작하는 것이 좋다.

아이와의 관계가 좋지 않은 상태에서 아이가 친구관계를 들먹여가며 디지털 기기를 사달라고 심하게 졸라댈 수도 있다. 이때는 속성으로라도 관계를 개선시켜야 한다. 속성으로 관계를 개선시키기 위해서는 한 가지 방법밖에 없다. 잔소리를 멈추고 아이의 말에 귀를 기울이면서 마음 읽기를 시도하면 짧은 시간에 관계가 많이 좋아질 수 있다.

디지털 기기를 사줄 시기를 저울질할 때 아이가 규칙을 지킬 수 있을 만큼 성숙한 상태인지를 파악하는 것도 중요하다. 하고 싶어도 참을 수 있는 절제력과 충동조절력, 좌절인내력이 바탕이 되어야만 스스로를 통제해서 규칙을 지킬 수 있다.

만약 아이가 또래보다 산만하고 충동 조절이 어렵다면 반드시 이 문제부터 해결한 뒤 디지털 기기를 접하도록 해야 한다. 앞에서 말했다시피 산만하고 충동적인 아이는 다른 아이들보다 디지털 기기에 빠져들 확률이 대단히 높기 때문이다.

원칙2 '시간'보다 '내용'이 더 중요하다

효과적인 디지털 페어런팅을 위해서는 가장 먼저 '언제 얼마만큼' 할 수 있는지 '시간'에 대해 명확한 규칙을 정해야 한다. 예를 들어, 매일 숙제를 다 끝낸 뒤 한 시간씩, 혹은 학원에 가지 않는 화요일과 목요일에 2시간씩 하기로 정하는 것이다.

나의 경험으로 미루어볼 때 컴퓨터게임은 매일 일정한 시간을 하게 하는 것보다 주말에 한꺼번에 몰아서 하게 하는 것이 좀 더 효과적이다. 매일 조금씩 하는 것은 중독 증상을 야기할 수도 있기 때문이다. 또 주말에 몰아서 하면 오랜 시간 동안 충분히 했다는 생각에 만족감이 좀 더 높아질 수 있다.

그러나 '시간'보다 더 중요한 것이 바로 '내용'이다. 몇 시간 동안 했느냐보다 그 시간 동안 무엇을 했느냐가 아이에게 훨씬 더 큰 영향을 끼치기 때문이다. 그래서 어떤 것은 하고 어떤 것은 하지 말아야 하는지 범위를 확실하게 정해놓는 것이 좋다.

특히 아이가 게임을 좋아하는 경우, 몇 시간 동안 게임을 하는지에만 관심을 기울일 것이 아니라 '어느' 사이트에서 '무엇'을 하는지에 주목할 필요가 있다. 아이가 하는 게임이 지나치게 폭력적이거나 선정적이지는 않은지, 욕설이나 저속한 표현이 담긴 대화가 이루어지는 곳은 아닌지 반드시 확인하도록 한다. 또한, 아이가 어른을 상대로 게임을 하지 못하게 확실히 단속해야 한다. 아무래도 어른과 접촉을 하다 보면 위험한 상황에 빠질 수 있는 확률이 보다 높기 때문이다.

개인 신상정보에 대한 부분도 철저하게 관리할 수 있도록 한다. 이름이나 학교, 주소, 전화번호와 같은 개인정보는 절대로 공개하지 않는 것을 원칙으로 한다. 이것이 범죄에 악용될 수도 있고, 한 번 올린 자료는 영원히 삭제되지 않는다는 점을 알아듣기 쉽게 설명해줘서 이해시켜야 한다.

아이가 디지털 기기를 사용할 때 정해둔 규칙을 지키지 않았다면 반드시 엄격한 벌칙이 뒤따라야 한다. 그리고 이러한 벌칙의 내용과 원칙은 디지털 기기를 사주기 전에 미리 아이와 상의하여 결정하는 것이 바람직하다. 다시 말해, 아이는 디지털 기기를 손에 넣기 전부터 어떤 규칙을 지켜야 하고, 그것을 지키지 않았을 때는 어떤 벌칙이 주어지는지에 대해 확실하게 숙지하고 있어야 한다.

예를 들어, 주말에만 3시간씩 게임을 할 수 있다고 정했다면 그것을 지키지 않았을 때 어떤 벌칙이 주어지는지도 확실하게 정해야 한다. 아이가 약속을 어기고 주 중에 게임을 했다면 돌아오는 주말에는 게임을 하지 못한다는 벌칙을 정하는 식이다. 또 집으로 돌아오면 스마트폰을 엄마에게 맡기기로 한 아이가 그것을 지키지 않았을 때는 그날로부터 일주일 동안 스마트폰을 압수한다든지 통화시간이나 데이터양을 제한하는 요금제로 바꾸는 식의 벌칙을 세우면 된다.

만약 아이가 지켜야 할 약속을 지키지 않았다면, 앞서 정해둔 벌칙을 엄격하게 적용해야 한다. 상황에 따라 적당히 봐주는 일이 반복되면 디지털 페어런팅은 모두 물거품이 되고 만다. 그래서 이것은 디지털 페어런팅의 핵심이 된다. 아이가 갖은 방법을 써서 벌칙을 무마하려고 해도 결코 슬그머니 넘어가는 일이 없도록 한다.

아이의 실천의지를 좀 더 확실하게 하고 싶다면 문서로 만들어서 잘 보이는 곳에 붙인 뒤 스스로 체크하도록 하는 것이 좋다. 체크리스트에 아이의 서명까지 받아두면 아이에게 더욱 강한 책임감을 부여할 수 있다.

스마트폰 사용 규칙	월	화	수	목	금	토	일	비고
1. 집에 돌아오면 반드시 엄마에게 맡겨두고 저녁 먹기 전과 잠자기 전에 각 1회씩 확인한다 (단, 주말이나 공휴일에는 하루에 1시간씩 총 2회씩 자유롭게 사용할 수 있다).	○	○	×					수요일에는 친구들과 카카오톡으로 숙제에 대해 의논을 하느라 지키지 못했으니 제외 바람.
2. 스마트폰에 애플리케이션을 깔 때는 반드시 엄마와 상의한 뒤 허락받은 것만 깐다.	○	○	○					
3. 스마트폰으로는 절대로 게임을 하지 않는다.	○	×	○					
4. 길을 걸어가는 도중에는 스마트폰을 들여다보지 않는다.	○	○	○					
5. 동생 앞에서는 절대로 스마트폰을 사용하지 않는다.	○	○	○					

일주일에 ×가 하나도 없을 때 → **1시간 자유이용권 3장 획득**
일주일에 ×가 1개 있을 때 → **스마트폰 하루 압수**
일주일에 ×가 2개 있을 때 → **스마트폰 이틀 압수**
일주일에 ×가 3개 있을 때 → **스마트폰 사흘 압수**
일주일에 ×가 4개 있을 때 → **스마트폰 일주일 압수**
일주일에 ×가 5개 이상 있을 때 → **일반 휴대폰으로 바꾸기**

본인 서명

엄마 서명

원칙4 규칙을 정하는 이유에 대해 충분히 설명한다

디지털 페어런팅을 시작하면서 아이와 사이가 급격히 나빠졌다면 너무 억압하고 강요한 것은 아닌지 되돌아볼 필요가 있다. 사실 디지털 페어런팅에 있어 부모가 가장 자주 하는 실수가 바로 아이가 지켜야 할 규칙을 일방적으로 제시한 뒤 그것을 지키도록 강요한다는 점이다. 그러나 일방적으로 정해놓은 규칙은 아이로 하여금 그것을 반드시 지켜야겠다는 의지를 심어주지 못한다. 마치 방학 때 지켜야 할 생활계획표를 부모가 일방적으로 만들어 아이에게 지킬 것을 강요하는 것과 다를 게 없다.

그러므로 아이에게 디지털 기기에 대한 규칙과 한계를 전달할 때는 그 이유에 대해서 구체적으로 이야기해주어야 한다. 그래야 아이는 그것을 지켜야만 하는 당위성을 느낄 수 있다. 또한 구체적인 설명 없이 일방적으로 통보한다면 귀찮은 잔소리로밖에는 들리지 않아 심한 거부감이나 반항을 초래할 수 있다.

예를 들어, "게임 많이 하면 안 돼!"라고 무조건 윽박지르면 아이가 짜증을 내거나 엄마를 미워하는 지경이 될 수도 있다. 그런데 "컴퓨터게임을 많이 하면 독서나 공부와 같이 밋밋한 자극에는 뇌가 반응하지 않게 되어 바보가 돼"라고 아이가 알아듣기 쉽게 설명하면 도무지 반발할 수 없게 된다. 그 말이 하나도 틀린 게 없기 때문이다.

또 "이런 사이트는 애들이 들어가면 안 돼"라고 잘라 말하는 것보다 "어떤 사이트는 아이들에게 해로운 영향을 끼쳐서 마음을 건강하지 않게 만들기도 해. 그러니까 아이들에게 허락된 사이트에만 접속해야 해"라는 말이 훨씬 효과적으로 전달된다. 아이의 실천력을 높이는 일이라면 예쁜 말 몇 마디 정도 더 붙여서 하는 수고는 기꺼이 감수해야 한다.

원칙5 디지털 경험에 대해 늘 부모와 아이가 공유한다

수시로 변화하는 디지털 환경 속에서 부모는 아이가 디지털 기기를 통해 어떤 경험을 하고 있는지를 수시로 점검해야 한다. 그러나 부모가 '감시'하고 아이가 '보고'하는 형태가 아니라 서로 편안하고 친밀하게 대화하는 형태가 되어야 한다.

예를 들어, 아이가 스마트폰으로 어떤 게임을 하고 있다면 "여기에 있는 사람이 이 게임의 주인공이구나", "그 아이템을 획득하면 점수가 얼마만큼 올라가니?", "아이고, 아깝게 실패했네. 너무 속상하겠다" 하는 식의 대화로 아이가 경험하는 일에 관심을 갖고 공감하는 모습을 보이는 것이다. 그렇게 하면 아이는 부모로부터 공감을 받아 안정감을 느낄 뿐만 아니라 부모가 늘 자신의 디지털 습관에 대해 관심을 가지고 있다는 생각에 책임감도 한층 높아진다.

부모가 편안한 대화 상대가 되어주면 아이들은 숨기고 감추려고 했던 것조차 스스럼없이 겉으로 드러내게 된다. 음지에서 할 일을 양지에서 하게 되면 훨씬 밝고 건전해진다는 건 두말하면 잔소리다.

그런데 아이가 좋아하는 것, 즐기는 것을 공유하기 위해서는 우선 아이에게 '친구 같은 부모'가 되어야 한다. 친구처럼 평등한 관계 속에서 편안하게 말하고 듣는 분위기가 만들어져야 스스럼없이 대화할 수 있기 때문이다.

앞에서 자녀와의 사이가 좋을 때 디지털 페어런팅의 성공 가능성이 높아진다고 말했던 것도 이 부분과 관련이 있다. 마음이 잘 맞는 편안한 친구에게는 비밀까지도 털어놓을 수 있는 것처럼, 애정과 신뢰가 깊은 부모일수록 아이와 더 많은 것을 공유할 수 있다는 사실을 상기해야 한다.

아이와 디지털 경험을 공유하기 위해서는 부모 역시 해당 분야에 대한 지식과 경험이 풍부해야 한다. 즉 부모도 그 기기를 사용해보고 지식을 쌓아야 아이들을 따라갈 수 있는 것이다. 이것저것 해야 할 일이 많아 바쁘다는 것을 모르지 않지만, 요즘 부모 노릇을 잘하기 위해서는 자녀가 자주 사용하는 디지털 기기에 대한 공부를 소홀히 해서는 안 된다는 사실을 잊지 말아야 한다.

원칙6 가족 전체가 한마음이 되어 참여한다

디지털 페어런팅은 반드시 가족 모두가 참여할 때 효과가 있다. 그중 누구 하나라도 대충 피해가고 넘어간다면 모든 노력이 수포로 돌아갈 수밖에 없다.

그러므로 지키기로 한 규칙에 대해서는 엄마, 아빠 그리고 오빠, 누나, 동생 모두가 예외 없이 지켜야 한다. 만약 맞벌이 부부라서 낮 시간의 육아를 다른 사람에게 부탁해야 하는 형편이라면, 관련된 사람들에게 반드시 지켜달라고 신신당부를 해야 한다. 조부모님과 함께 거주한다면 할아버지, 할머니의 동참도 이끌어내야 하고, 심지어 가사도우미가 집안일을 돕고 있는 경우에는 그분들에게도 철저하게 부탁해야 한다.

이것이 좀 더 원활하게 이루어지기 위해서는 아예 규칙을 만드는 과정에서부터 가족 모두가 참여하는 것이 좋다. 이른바 '가족회의'를 통해서 서로의 입장을 충분히 이해하고 서로 지켜나갈 수 있는 규칙을 정하는 것이다.

또한 가족이 함께 정한 규칙과 한계를 잘 지키고 있는지 여부를 확인하는 것도 가족회의 시간을 이용하는 것이 가장 효과적이다. 가족회의에서 나눈 이야기는 부모와 아이가 일대일로 나눈 이야기보다 훨씬 더 큰 책임감을 심어주기 때문에 좋은 자극제가 될 수 있다.

경모가 한창 게임에 빠져 있을 때 우리 집에서도 일주일에 한 번씩 가족회의를 열어 그에 대한 대화를 나누었다. 정해진 시간을 잘 지켰는지, 금지된 사이트에 접속하지 않았는지, 지키지 못한 이유는 무엇이었는지에 대해 서로 충분한 의견을 나누었다. 물론 잘한 부분에 대해서는 칭찬해주었고 잘못한 부분에 대해서는 꾸중과 더불어 격려해주는 것도 잊지 않았다.

그리고 일주일에 하루는 모든 식구가 디지털 기기를 사용하지 않는 날로 정하고, 대신 그날은 별도의 활동을 마련하거나 모두 독서를 하는 등의 규칙을 만드는 것도 현명한 일이다. 디지털 기기로부터 하루 쉬는 것은 우리 두뇌를 건강하게 지키는 방법이자, 우리가 어느 정도 이들 기기에 중독되어 있는지를 스스로 확인하는 기회가 된다. 가족 간의 정서적 유대가 강해지는 것도 덤으로 얻을 수 있다.

원칙7 부모가 통제할 수 없다면 전문가의 도움을 받는다

'과몰입'과 '중독'은 엄연히 다르다. 과몰입 상태는 좋아해서 자주 즐기기는 하지만 해야 할 때와 하지 말아야 할 때를 충분히 구분할 수 있다. 그래서 하지 말아야 하는 상황이라면 스스로 멈추고 다른 일로 전환하는 것이 가능하다.

그러나 중독 상태는 완전히 다르다. 중독 상태의 뇌는 오로지 그것만을 갈구하기 때문에 때와 장소를 구분하는 일이 불가능하다. 그래서 중독이 되면 온통 그 한 가지에만 몰두하게 되고 스스로의 힘으로는 도저히 멈출 수 없는 지경이 된다. PC방에서 몇 날 며칠 게임만 하다가 죽음을 맞이하는 어이없는 사건이 일어나는 것도 그 때문이다.

아이가 과몰입 상태일 때는 적절한 디지털 페어런팅만 동반된다면 얼마든지 통제할 수 있다. 중독 상태일 때도 부모의 지극한 노력과 정성이 있다면 어둠의 구렁텅이에서 얼마든지 구해낼 수 있다.

그러나 심한 중독 상태이거나 부모의 적절한 디지털 페어런팅이 뒷받침되어주지 못하는 경우에는 시간이 갈수록 아이들이 더욱더 망가지는 결과를 초래할 수 있다. 이때는 반드시 전문가의 도움을 받아야 한다. 그래서 아이를 중독 증상에 이르게 한 원인을 찾아내서 적절한 상담과 치료를 병행하는 것만이 해결 방법이 될 수 있다.

만약 아이가 병원치료를 거부한다면 부모만이라도 전문가를 찾아가 해결 방법에 대한 조언을 들어야 한다. 방치했다가는 화를 불러올 것이며, 신불리 부모가 나섰다가는 더 큰 화를 불러올 수 있으니 전문가의 도움받기를 주저하지 않는 것이 좋다.

스마트폰은
공부를 시키기 위한 미끼?

"이번 시험에서 100점 맞으면 스마트폰으로 바꿔줄게."

"숙제 다 끝내면 게임 한 시간 하게 해줄게."

"이번에 1등 하면 컴퓨터 바꾸자."

혹시 아이의 성적을 올리고 싶은 마음에 이런 사탕발림을 한 적이 있다면 크게 반성해야 한다. 이런 보상은 아이에게 그야말로 악영향을 끼칠 수 있다.

잘 알다시피 목적이 올바르다고 하더라도 수단이 잘못되면 그것은 절대로 정당화될 수 없다. 그러나 이 경우는 목적 자체도 상당히 무리수가 있을 뿐만 아니라 그것을 이루기 위한 수단도 불량하다. 게다가 엄마의 기대와는 달리 아이들은 100점을 맞기 위해서가 아니라 스마트폰을 얻기 위해, 게임을 많이 하기 위해 공부하는 어처구니없는 일이 생기고 만다. 이런 거래는 효과도 별로 없고 유효기간 또한 길지 않다.

타고난 천재는 노력하는 자를 이길 수 없고, 노력하는 자는 즐기는 자를 이길 수 없다는 말이 있다. 공부를 잘하는 아이로 만들기 위해서는 공부를 즐길 수 있도록 해야 한다. 그러나 물질적인 보상으로는 절대로 공부를 즐기는 아이로 만들 수 없다.

하물며 그 보상이라는 것이 게임이나 인터넷, 혹은 새로운 디지털 기기라면 어떨까? 이런 조건을 내거는 집안의 아이는 분명 디지털 기기에 깊이 빠져 있는 상태일 가능성이 아주 크다. 그러므로 시험 성적 조금 올리려고 디지털 기기를 들먹였다가는 불난 집에 기름을 붓는 꼴이 되고 말 것이다.

연령에 따라 달라지는 디지털 페어런팅

연령별로 다르게 접근해야 한다

열풍을 넘어 광풍처럼 몰아쳤던 조기교육으로 유아들이 스트레스와 우울증, 정신질환 등과 같은 부작용을 감당해야 할 때가 있었다. 조기교육의 열풍이 시작된 것은 2000년대 초반이었고, 그 심각한 부작용이 수면 위로 드러난 때는 2000년대 중반 무렵이었다.

조기교육에 따른 부작용이 상당했던지라 일부 깨어 있는 부모들을 중심으로 '적기교육'에 대한 관심이 높아지기 시작했다. 적기교육이란, 또 다른 말로 '눈높이 교육'이라고 표현할 수 있다. 즉 연령과 특성과 발달 정도에 맞게 교육을 하는 것이다.

디지털 페어런팅에 있어서도 연령에 맞는 교육, 즉 적기교육이 필요하다. 아이들은 연령별로 다른 특성과 발달을 보이기 때문에 그것을 최대한 존중하고 고려하면서 통제해나가야 하는 것이다.

아이의 발달특성을 고려하지 않는 교육은 그 어떤 것도 성공할 수 없다. 디지털 페어런팅도 마찬가지다. 반드시 연령대별로 다른 기준을 세워 접근해야만 마찰이 생기지 않으며, 그만큼 성공할 확률도 높아진다.

유아기,
디지털 기기 노출 시간을 최소화한다

0~3살 미만의 아이는 어떤 이유에서든지 디지털 기기에 노출되어서는 안 된다. 이 시기에 디지털 기기에 노출되면 뇌 발달의 불균형을 초래해서 각종 부작용을 낳을 수 있다. 또한, 어릴수록 디지털 기기에 중독될 확률이 높아진다. 그러므로 이 시기에는 직접체험을 통해 오감을 발달시키는 활동에 중점을 두어야 힌다.

5살 미만의 아이들 역시 디지털 기기에 노출시키지 않는 것이 최선이지만, 여건상 그것이 녹록지 않다. 어쩔 수 없이 아이에게 디지털 기기를 허락하게 되었다면 반드시 처음부터 디지털 기기에 대한 사용 범위와 시간을 확실히 제한해야 한다.

특히 스마트폰 같은 경우는 접근성이 용이하기 때문에 아이가 정해진 시간 이외에도 불쑥불쑥 가지고 놀 수 있다. 그러므로 정해진 시간 외에는 하지 못하도록 스마트폰을 아이의 손이 닿지 않는 곳에 보관해야 한다. 유아가 있는 부모들은 가급적 집에서는 스마트폰 사용을 금하고, 사용해야 하는 경우에도 아이가 보지 않게 하는 것이 필요하다. 내 주변에는 휴대폰을 두 대 마련하여 집에서는 스마트폰을 사용하지 않는 부모들도 많이 늘고 있다.

TV의 경우, 스마트폰이나 컴퓨터보다는 중독성이 비교적 낮은 편이지만 그래도 한번 시청하기 시작하면 주구장창 보게 된다는 점에서 나쁜 건 매한가지다. 유아들이 만 3살 이전에 TV 시청을 많이 할수록 나중에 주의집중력에 문제가 생긴다는 발표가 잇따르고 있는 만큼 TV를 시청하는 시간을 최소한으로 해야 한다.

스마트폰을 가지고 놀거나 TV를 시청하는 것 자체도 문제지만, 그로 인해 신체활동이 줄어들고 친구들과 놀지 않게 되는 부작용도 피할 수 없다. 그러므로 디지털 기기 때문에 신체활동이나 친구들과의 놀이가 부족해지지 않도록 각별히 신경 써야 한다. 디지털 기기를 통해 보고 들은 사물이나 놀이를 일상생활에서 직접 체험해보는 시간을 갖는 것도 필요하다.

만약 아이를 조부모나 돌보미가 기르고 있다면 반드시 그분들과도 규칙들을 공유해야만 효과를 거둘 수 있다.

학령기,
열린 마음으로 디지털 기기에 대해 대화를 나눈다

6~9살 사이의 아이들에게는 디지털 기기를 사용할 수 있는 시간과 목록의 한계를 정하는 것이 가장 중요하다. 이를 위해서는 아이가 어떤 사이트에 접속하는지, 어떤 게임을 하는지에 대해 늘 관심을 기울여야 한다. 만약 아이가 정해진 시간을 초과하거나 제 나이에 맞지 않는 사이트에 접속했을 때는 매우 강력한 제재를 가해야 한다.

이 연령대 아이들에게 중요한 또 한 가지는 디지털 기기를 잃어버리지 않고 잘 보관하는 방법에 대해 교육하는 일이다. 특히 휴대폰 같은 경우는 '약정기간'이라는 것이 있어서 한번 잃어버리면 금전적으로 손해가 크기 때문에 아이가 자기 물건을 잘 관리하지 못한다면 구입하는 시기를 늦추는 것이 좋다.

10~12살 정도가 되면 아이들의 인지능력이 상당한 수준에 이르게 되므로 디지털 기술의 이점과 위험성에 대해 충분히 이해할 수 있다. 그러므로 디지털 기기를 현명하게 사용하면 삶을 좀 더 재미있고 풍요롭게 살 수 있지만, 현명하게 사용하지 못할 경우에는 낙오자가 되거나 범죄에 노출될 수 있다는 사실에 대해 열린 마음으로 대화하는 시간을 자주 갖는다.

또한, 이 시기 아이들은 한창 SNS에 관심을 기울이고 실행하기 시작한다. 이때 부모는 아이가 어떤 게시물을 올리고 다운로드하는지 항상 주목해야 한다. 그리고 인터넷에 올린 댓글이나 파일들은 영원히 사라지지 않고 전 세계 어느 곳에서도 검색될 수 있음을 알려주어 신중하게 접근할 수 있도록 한다.

청소년기,
아이에게 자율권을 주되 관심의 끈을 놓지 않는다

디지털 기기로 인한 문제점이 가장 확연하게, 그리고 가장 심각하게 표출되는 시기가 바로 청소년기다. 그러나 또 그 문제에 대해 함부로 왈가왈부할 수 없는 시기가 청소년기이기도 하다. 그래서 게임에 푹 빠져 있고 스마트폰을 손에서 놓지 못하는 아이를 보면서도 어찌할 줄을 몰라 벙어리 냉가슴만 앓게 된다.

기본적으로 청소년기는 부모로부터 정서적 홀로서기를 준비하는 시기이기 때문에 이래라저래라 잔소리하고 간섭하는 것을 아주 싫어한다. 그래서 섣불리 '게임을 하지 마라', '컴퓨터 그만 꺼라' 하는 잔소리를 했다가는 아이의 반항심만 부추기게 된다. 또한 부모의 눈을 속이기 위해 PC방을 전전한다든가 자유가 보장되는 친구들 집으로 돌 수 있다.

청소년기에 가장 중요한 것은 '자율권'을 주는 일이다. 이 시기에는 통제와 훈육보다는 스스로 책임감 있게 행동할 수 있도록 격려해주어야 한다. 그러므로 학교생활과 친구관계에 영향을 끼치지 않는 선에서 스스로 시간과 범위를 정하게 한다. 비용이 발생하는 게임 아이템이나 애플리케이션을 구입할 때도 정해진 예산 범위 안에서 스스로 계획해서 쓸 수 있도록 하여 금전적 책임감을 심어준다.

자율권은 주되 방치를 해서는 안 된다. 통제나 과보호는 안 되지만 대화를 통해 늘 아이에게 관심을 가지고 있음을 보여주어야 한다. 만약 잘못된 부분이 있다면 함께 토론하여 고쳐나가는 노력도 필요하다. 특히 포르노그래피나 섹스, 온라인 폭력처럼 대화하기 곤란한 주제에 대해서도 서슴없이 이야기를 나눌 수 있어야 한다. 표절이나 불법 다운로드와 관련된 문제에 대해서도 짚고 넘어가는 것이 좋다. 가급적 부모가 아이의 PC나 스마트폰 사용 내역을 정기적으로 모니터할 수 있도록, 아예 처음 사줄 때 조건으로 거는 것도 좋은 방법이다. 물론 아이가 이 부분을 너무 거부하면 억지로 강제할 수는 없으나, 아이에게 필요성을 설명하고 부모와 아이가 함께 보면서 점검하는 것으로 설득하면 대부분 그리 큰 문제는 없을 것이다.

그러나 이 모든 것은 유아기, 학령기를 거치면서 디지털 습관이 바르게 형성되어야만 가능한 일이다. 처음 디지털 기기를 접할 때부터 할 수 있는 것과 하지 말아야 할 것에 대한 개념이 명확히 자리 잡은 아이들만이 청소년기가 되어도 건강한 디지털 습관을 유지해나갈 수 있다. 또한 부모와의 토론을 통해 잘못된 점을 고쳐나가려는 시도도 이전부터 부모와 깊은 유대감을 쌓아온 아이들에게나 있을 법한 일이다. 그래서 디지털 페어런팅은 아이가 처음 디지털 기기를 접하는 순간부터 시작하는 것이 바람직하다.

유아기나 학령기 때는 별 신경 안 쓰다가 청소년기에 갑자기 관심을 갖고 개선하고자 노력해 봤자 달라지는 것은 거의 없다. 오히려 아이의 반발심만 부추겨 폭력적인 행동까지 이어질 수도 있다. 그러므로 디지털 페어런팅이 제대로 이루어지지 않은 상태에서 청소년기에 게임이나 인터넷 문제로 정상적인 생활을 할 수 없다면 소아정신과나 관련기관을 찾아가 전문가에게 상담을 받는 것이 최선책이다.

이런 부모가
디지털 페어런팅에 성공한다

먼저 디지털 우상화에서 벗어나야 한다

독일의 구텐베르크가 금속활자술을 발명하면서 책이 대중들에게 널리 퍼지기 시작했고, 대중들은 책을 통해 이전과 비교되지 않을 만큼 많은 지식을 쌓았다. 또한, 책으로 얻은 지식을 다른 사람과 공유하면서 사람들에게 전달되는 정보의 양은 날로 커졌다. 이로 인해 인류의 사고가 획기적으로 발달하기 시작했다.

이러한 책의 영향력은 TV나 영사기 같은 미디어 기기가 개발된 뒤에도 건재했다. 미디어 기기가 선사하는 재미에 많은 사람들이 매료되었지만, 그래도 독서를 통해 깊이 있는 지식을 얻는 즐거움을 놓지 않았다.

그런데 각종 디지털 기기들이 등장하면서 사정은 완전히 달라졌다. 기존의 책이나 미디어 기기로는 상상할 수도 없었던 정보들이 쏟아져 나와 홍수를 이루기 시작했다. 뿐만 아니라 모든 시설이 디지털화되면서 그것을 만들어낸 사람들이 오히려 그것에 좌지우지되는 세상이 되고 말았다.

디지털 세상에서 살아가는 우리들은 마치 디지털 기기가 모든 것을 다 가능하게 해줄 것이라는 착각에 빠져 있는 듯하다. 그래서 아무런 의심 없이 믿고 의지하는 경향이 강하다. '디지털 마약', '디지털 치매', '디지털 증후군'이라는 무시무시한 말들이 떠돌아다닌 것이 한참 전부터인데도 디지털 기기에 대한 믿음이 너무 강한 탓에 귀에 들어오지도 않는 모양이다.

디지털 기기가 우리 생활을 편리하게 해준 것은 맞지만 그것의 역할은 거기에서 끝나야 한다. 디지털 기기를 통해 만나는 가상공간은 진짜 세상이 아니라 가짜 세상에 불과하다. 그러므로 당연히 그곳에서 이루어지고 있는 모든 일은 다 가짜인 셈이다.

지능 향상이나 인성계발에 좋다는 그 어떤 콘텐츠들도 현실에서 직접 부딪치고 깨달으며 얻는 경험적 지혜를 능가할 수 없다. 백문이 불여일견이라고 하지 않는가. 아이들은 반드시 현실세계에서 보고 배우면서 성장해야 하는데, 디지털 기기는 오히려 그것을 방해하고 있는 것이다.

디지털 페어런팅에 성공하기 위해서는 가장 먼저 디지털 기기가 뭔가를 이루어주고 바꿔줄 것이라고 믿는 이른바 '디지털 우상화'에서 벗어나야 한다. 쉽게 말해, 디지털 기기에 대해 눈에 쓰인 콩깍지부터 벗겨내야 하는 것이다. 부모가 디지털 우상화에서 벗어나면 자연스럽게 아이도 디지털 기기 속의 가상공간에서 빠져나와 현실세계에서 건강하게 성장할 수 있을 것이다.

적(敵)에 대해 끊임없이 공부해야 한다

디지털 페어런팅이 시작되는 순간부터 부모는 잔소리쟁이가 될 수밖에 없다. 그런데 알고 하는 잔소리와 모르고 하는 잔소리는 천지 차이다. 아무것도 모르고 무조건 잔소리만 늘어놓으면 뜬구름 잡는 식의 무의미한 메시지만 전달할 수밖에 없다. 이것은 짜증과 반항을 유발하여 오히려 역효과만 부른다. 반면, 정확히 알고 하는 잔소리는 아이에게 적당한 긴장감을 줄 뿐만 아니리 부모가 내게 늘 관심을 갖고 있다는 사실을 상기시켜 책임감을 심어줄 수 있다.

예를 들어, 아이가 한창 컴퓨터게임을 하고 있다고 가정해보자. 그런데 약속했던 시간이 다 됐다. 그래서 그만하라는 신호를 보냈는데 아이가 안타까운 목소리로 이렇게 말하는 것이다.

"지금 끝내면 다음에 할 때 처음부터 다시 시작해야 한단 말이에요. 그러니까 이번 단계만 끝낼게요. 조금 있으면 다 끝나요."

이럴 때 이 게임에 대해 모르는 엄마라면 다음과 같은 반응을 보일 것이다.

"약속한 것 잊었니? 어떻게 한 번을 제대로 지키는 적이 없냐? 지금 당장 끄지 않으면 다시는 못 하게 한다."

아이의 애달픈 표정에 한 걸음 살짝 물러서는 엄마도 있을 것이다.

"그럼 그것 끝날 때까지만 하는 거야."

그런데 만약 그 게임을 통달하고 있는 엄마는 이렇게 마무리 지을 게 분명하다.

"그 게임에 대해 엄마도 잘 아는데, 지금 거기서 멈춰도 저장해놓으면 다음에 이어서 할 수 있잖아. 약속한 시간 지났으니까 그만 끝내도록 하자."

이 세 가지 반응 중에 아이를 꼼짝 못하게 만드는 것은 무엇일까? 보나마나 세 번째 경우일 것이다. 논리적으로 설득하고 체계적으로 설명하는 잔소리는 상대방을 한 방에 제압할 수 있다. 게다가 마냥 듣기 싫은 잔소리와는 달리 서로 감정이 상할 일도 없다.

그래서 디지털 페어런팅을 효율적으로 하기 위해서는 아이가 자주 들어가는 사이트, 즐겨 하는 게임, 다운로드하는 콘텐츠, 자주 접속하는 SNS 등에 촉각을 기울여야 한다. 직접 접속하여 방법과 내용에 대해서도 숙지하고, 아이에게 유해한 것이 없는지 감시하는 것도 게을리해서는 안 된다.

아이가 게임을 좋아하는 경우 부모가 직접 그 게임을 해보는 것도 좋다. 부적절한 내용을 담고 있는 것은 아닌지, 혹은 저속한 욕설이 등장하는 것은 아닌지를 확인하기 위해서는 직접 해보는 것만큼 확실한 방법이 없기 때문이다. 또한 게임에 대해 아이와 함께 대화를 하면서 이것은 어떤 점이 적합하고 저것은 어떤 점이 적합하지 않은지에 대해 조언을 하면 훨씬 더 신뢰감 있게 메시지를 전달할 수 있다.

유해정보 차단프로그램에 대한 공부도 게을리해서는 안 된다. 아이를 디지털 기기의 자극성과 유해성으로부터 지키기 위해서는 반드시 그것들을 막을 수 있는 튼튼한 울타리가 필요하기 때문이다. 그런데 의외로 많은 부모들이 유해정보 차단프로그램에 대해 무지하고 또 무관심하다. 그런 것이 있다는 사실을 아직 잘 모르는 건지, 아니면 있는 걸 알면서도 별로 효과가 없을 것이라고 생각하는 건지 이상하리만큼 유해정보 차단프로그램이 주목을 받지 못하고 있다.

엄마, 아빠가 하루 24시간 아이 옆에 붙어서 감시하는 것이 아니라면 반드시 유해정보 차단프로그램을 깔아두어야 한다. 현재로서는 이것이 디지털 기기의 공격으로부터 우리 아이를 지키는 가장 강력한 수비수다.

컴퓨터나 스마트폰에 유해정보 차단프로그램을 깔아두는 것은 아이들이 바깥놀이를 할 때 자외선을 막기 위해 자외선차단제를 바르는 것과 같은 맥락으로 생각하면 된다. 눈에 보이지는 않으나 끊임없이 우리 아이들을 공격하는 해로운 것으로부터 기본적인 보호막 역할을 하는 점이 똑같기 때문이다. 그러므로 디지털 기기가 아이 손에 쥐어지는 그 순간부터 유해정보 차단프로그램을 깔아두는 것을 당연시해야 한다.

기계 자체에 대한 공부도 깊이 하면 할수록 좋다. 대부분의 사람들은 디지털 기기를 구입했을 때 자주 사용하는 몇몇의 기능에만 주목한다. 그러나 그 기기에 대해 제대로 알기 위해서는 주요 기능부터 작동 원리까지 샅샅이 파악해야 한다. 다양한 기능과 원리를 정확히 파악해야만 '뛰는' 디지털 기기 위에 '나는' 엄마가 될 수 있는 것이다.

디지털 기기를 사용하는 것이 아이들에게 어떤 영향을 끼치는지에 대한 관심이 지대한 요즘, 내가 가장 즐겨 시청하는 방송이 바로 케이블 채널 중 하나인 '채널 IT'다. 방송을 통해 디지털 기기에 대한 각종 정보를 얻기 위해서다. 또한 A사의 I폰과 S사의 G폰을 병행하여 사용하며 장단점에 대해서도 정확히 파악하고 있다. I폰의 운영체제인 iOS와 G폰의 운영체제인 안드로이드OS가 어떻게 다른지 알아보고 싶어서다.

물론 디지털 기기가 뇌 발달에 어떤 영향을 끼치고 그것이 어떤 결과를 초래하는지에 대한 연구만으로도 충분히 그 위험성에 대해 경고 할 수 있다. 그러나 내가 이렇게까지 깊이 있게 공부하는 것은 알면 알수록 더 많은 것을 더 쉽게 얻을 수 있다는 사실을 잘 알기 때문이다. 적(敵)과의 전쟁에서 승리를 거두기 위해서는 무엇보다 적의 특징과 전략과 약점부터 파악해야 하는 것과 같은 맥락이다.

내 아이에게 필요한 유해정보 차단프로그램을 찾아라!

각 통신사에서는 다양한 유해정보 차단프로그램을 제공하고 있다. 유해 사이트나 유해 동영상을 차단해주는 기능을 가진 프로그램도 있고, 사용 시간을 제한하거나 스케줄링하여 컴퓨터 이용 시간을 조정할 수 있는 기능을 가진 프로그램도 있다. 특정 유해 프로그램을 차단해주는 기능이 있는 것도 있고, 유해정보 차단프로그램을 쉽게 지울 수 없게 만드는 프로그램도 있다.

부모가 직접 자녀의 PC 화면을 볼 수 있는 서비스를 지원하는 프로그램도 있다. 자녀의 PC 화면을 실시간으로 모바일로 조회할 수 있게 함으로써 아이가 유해 사이트에 접속할 수 없게 하는 것이다.

스마트폰이나 태블릿PC는 별도의 애플리케이션을 설치하여 아이에게 해가 되는 여러 가지 요소들을 차단할 수 있다. 내용은 PC와 거의 비슷하다. PC와 스마트폰을 함께 관리해주는 프로그램도 있다.

이러한 서비스들은 무료로 이용할 수 있는 것도 있고 유료로 제공되는 것도 있으니 사전에 확인해봐야 한다.

참고로, 2009년에 서울시교육청, 교육과학기술부, 방송통신심의위원회가 청소년들의 건전하고 올바른 인터넷 이용 환경을 조성하고자 만든 '그린 i-NET(www.greeninet.or.kr)' 홈페이지에 접속하면 PC에서 유해 프로그램을 차단할 수 있는 각종 소프트웨어를 무료로 다운로드할 수 있다.

아이에 앞서 디지털 클린에 성공해야 한다

'아이 앞에서는 숭늉도 못 마신다'라는 속담이 어떤 뜻을 가지고 있는지는 아마 다들 잘 알고 있을 것이다. 아이는 그야말로 어른의 거울이다. 어른들의 행동을 그대로 답습하기 때문에 물 마시는 것처럼 사소한 행동조차 주의를 기울여야 한다.

디지털 기기를 사용하는 데 있어서도 마찬가지다. 부모의 디지털 습관은 아이들에게 매우 큰 영향을 미친다. 부모는 의식하지 못하지만, 아이들은 알게 모르게 엄마, 아빠의 디지털 습관을 관찰하고 있다. 또한 디지털 기기에 대한 욕구가 없다가도 부모가 하고 있는 모습을 보면 불현듯 욕구가 생겨날 수 있다.

부모가 디지털 기기를 사용하는 모습을 곁에서 구경하는 것도 문제가 될 수 있다. 아무래도 어른들의 콘텐츠는 어른들에게 맞는 내용을 담고 있을 가능성이 크기 때문에 아이에게는 유해한 것이 적지 않을 것이다. 그래서 아이가 곁에서 지켜보는 것조차 경계해야 한다.

이래저래 가장 좋은 것은 아이 앞에서는 엄마, 아빠가 솔선수범하여 '디지털 클린' 하는 것이다. 아이에게는 하지 말라고 하면서 정작 롤모델이 되어야 하는 부모가 디지털 기기에 얽매어 있는 것은 너무나도 큰 모순이다. 그것이야말로 도둑이 자식에게 도둑질하지 말라고 충고하고 조직폭력배가 자식에게 주먹질하지 말라고 충고하는 것과 무엇이 다르겠는가.

부모들이 가장 궁금해하는 디지털 페어런팅 Q&A

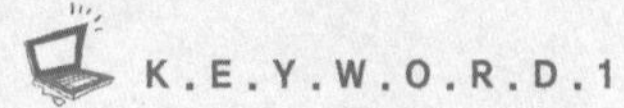

아빠

Q 3살짜리 남자아이를 키우고 있습니다. 저와 남편이 스마트폰을 가지고 있으니까 아무래도 아이 역시 관심을 가질 수밖에 없더라고요. 그래도 저는 무서운지 제 스마트폰은 잘 안 만지는데 아빠에게는 스마트폰을 달라고 졸라댑니다. 아빠가 저녁에 퇴근하기 바쁘게 매달려서 스마트폰을 달라고 하는데, 그때마다 아빠는 선뜻 잘도 건네주지요. 예전에는 아빠를 잘 안 따랐는데 스마트폰 때문에라도 아빠를 기다리고 매달리니 아빠는 그것이 흐뭇한가 봐요. 이럴 때는 어떻게 해야 할까요?

A 이런 모습은 요즘 많은 가정에서 고민하고 있는 문제 중 하나입니다. 아무리 엄마가 디지털 기기를 차단하기 위해 노력해도 아빠가 함께하지 않는다면 아무런 소득이 없게 마련입니다. 디지털 페어런팅은 반드시 모든 가족이 동참해야 소기의 성과를 거둘 수 있으니까요. 아빠 역시 스마트폰이 아이에게 좋지 않은 영향을 끼친다는 것을 잘 알고 있을 것입니다. 그럼에도 불구하고 스마트폰을 이용해 아이와 소통을 하려는 이유는, 아이와 함께 노는 방법을 잘 모르기 때문일 가능성이 큽니다. 한마디로 놀이 기술이 없기 때문에 적은 노력을 기울여도 아이를

최대한 즐겁게 해줄 수 있는 스마트폰에 의지하게 되는 것이지요. 잘 놀아주지 못하는 것에 대한 일종의 보상심리라고 할까요?

그러므로 이때는 무조건 아이에게 스마트폰을 주지 말라고 잔소리만 할 것이 아니라, 아빠가 아이와 함께 즐겁게 놀 수 있는 여러 가지 방법에 대해 먼저 고민해야 합니다. 처음에는 쉽지 않을 것입니다. 아빠는 엄마처럼 꾸준히 앉아서 아이가 원하는 놀이를 이끌어가는 능력이 크게 부족하거든요. 원래 남자란 상대방의 마음을 섬세하게 헤아리는 능력이 부족할 뿐만 아니라 본능적으로 반복하는 것을 싫어하기 때문에 아이와 놀이를 할 때 치명적인 단점을 드러내게 되어 있습니다. 그래도 시간을 두고 천천히 반복하다 보면 아이가 좋아하는 놀이가 무엇인지 깨닫게 되고 아이와 감정적으로 상호작용하는 요령을 터득할 수 있을 것입니다.

육아 방향은 반드시 부부가 한곳을 바라보아야 합니다. 그래야 아이도 안정적으로 성장하고 부부 사이도 원만해질 수 있습니다. 그러므로 충분한 대화를 통해 아이에게 정말 필요한 것이 무엇인지, 어떻게 해야 건강하고 행복한 아이로 키울 수 있을지 합의점을 찾아보세요.

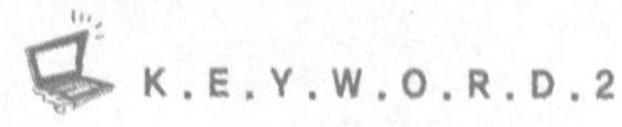

맞벌이

Q 5살 먹은 여자아이를 키우는 워킹맘입니다. 맞벌이 부부라서 어쩔 수 없이 아이를 할머니께 맡기고 있어요. 아침 일찍 아이를 할머니 댁에 데려다주면 할머니가 근처 유치원에 보냈다가 오후에 데리고 오세요. 그런데 문제는 할머니가 드라마 마니아세요. 안 보시는 연속극이 거의 없을 정도지요. 그래서 아이가 유치원을 마치고 돌아오면 어쩔 수 없이 할머니와 함께 주구장창 드라마를 보고 있습니다. 5살 아이가 웬만한 드라마의 줄거리와 등장인물들의 이름을 줄줄 외고 있을 정도지요. 아이를 맡기는 것도 죄송스러운데 드라마를 보시지 말라고 할 수도 없고……. 무슨 좋은 방법이 없을까요?

A 진료를 받으러 병원을 찾은 환자 중 건강하게 잘 크던 아이가 만 3살이 되어 갑자기 떼가 많아지면서 언어발달에 문제를 보이던 경우가 있었습니다. 친할머니가 아이를 양육하고 있었는데, 살뜰하게 아이를 잘 돌보던 친할머니는 친할아버지가 돌아가신 뒤 갑자기 TV 드라마에 푹 빠지면서 아이를 방치하기 시작한 거예요. 진단을 해보니 할머니는 남편의 사망 이후 우울증이 찾아오면서 TV 드라마로 위안을 삼고 있었습니다.

중년이나 노년의 여성들은 대부분 TV 드라마를 즐겨 봅니다. 그러나 그 것이 과할 경우에는 이 사례의 할머니처럼 마음이 건강하지 않은 상태일 수도 있습니다. 우울증이 있다거나 친구가 없다거나 외로움을 심하게 타는 사람이 특히 더 TV 드라마에 집착하는 경향이 있거든요.

그러므로 할머니가 손녀딸을 돌봐야 하는 낮 시간에도 TV 드라마에 몰두한다면 마음건강에 적신호가 켜졌기 때문일 수도 있습니다. 이 경우는 할머니의 건강을 위해서라도 다른 즐거움을 찾아볼 필요가 있습니다. 아이를 나이 드신 할머니께 맡기는 것에 대한 죄송스런 마음을 모르는 것은 아니지만, 할머니와 아이 모두의 건강을 생각한다면 할머니께 아이와 함께 산책을 즐기거나 책을 읽거나 요리를 해보시라고 권해드려야 합니다.

만약 이런 노력에도 할머니가 요지부동하신다면 아이를 할머니 댁에서 데리고 오는 것을 신중하게 고려해야 합니다. 아이가 좀 더 사랑을 받으면서 안정적으로 성장했으면 하는 바람으로 할머니께 맡기는 것이 아닙니까. 그러나 이런 경우라면 아이가 정서적으로 더욱 불안정해질 수 있으니 다른 방법을 찾아보는 것이 좋을 듯합니다.

가족과의 관계

Q 우리 아이는 초등학교 4학년 때 처음 스마트폰을 사줬는데 5학년이 된 지금은 학교에서 돌아오면 방에 콕 틀어박혀 얼굴 한 번 제대로 비추지 않을 정도로 스마트폰만 끼고 살아요. 여자아이인데도 집에 와서 별다른 수다를 떨지도 않아요. 이럴 때 일방적으로 제재를 하면 갈등이 커져 아이와의 관계에 더 큰 문제가 생기지 않을까 싶어 아예 손을 쓰지 못하고 있어요. 이 상황을 현명하게 헤쳐나갈 수 있는 방법이 있을까요?

A 앞에서 여러 차례 이야기했다시피 디지털 기기의 자극성은 아이들의 눈과 귀와 뇌를 단숨에 사로잡을 만큼 강력합니다. 그래서 디지털 기기에 노출되는 순간 아이들은 자신의 역할과 책임을 망각하기 때문에 여러 가지 발달과정을 놓치기 쉽지요.

그러나 초등학교 4학년 정도면 이미 내적인 성숙을 이룬 상태이기 때문에 디지털 기기를 사용하기 시작했다고 갑자기 안 하던 행동을 하거나, 말과 행동이 180도 싹 달라지지는 않습니다. 즉 몸과 마음이 균형을 이루며 건강하게 성장한 아이들은 4학년 무렵이 되어 디지털 기기에 노출되어도 스스로 통제하고 절제하는 모습을 보입니다.

그러므로 이 사례는 이미 스마트폰을 사용하기 이전부터 부모와 자녀 간의 관계가 원만하지 않았을 가능성이 큽니다. 부모와 안정적인 관계를 형성하지 못해 허전하고 불만스러웠는데, 스마트폰을 접한 이후로는 부족했던 부분을 스마트폰으로 채워나가기 시작한 것이지요.

부모와 자녀 간의 관계가 원만하지 않은 상태에서는 디지털 페어런팅을 하는 것이 오히려 부작용을 낳을 수도 있습니다. 관계를 더욱 악화시킬 수 있기 때문입니다. 그러므로 무조건 스마트폰 사용을 제재하려고만 하지 말고 먼저 관계 개선을 위해 노력을 기울여야 합니다.

아이와 함께 캠핑을 떠나보는 것은 어떨까요? 스마트폰이 없는 곳에서 아이와 좋은 시간을 보내면서 세상에는 스마트폰 말고도 재미있는 것이 얼마든지 많다는 사실을 알려주는 겁니다. 물론 한 번만으로는 턱없이 부족하겠지요. 이런 시간을 자주 가져서 아이와의 관계도 개선시키고 스마트폰에서 멀어질 수 있는 계기도 만들어보세요.

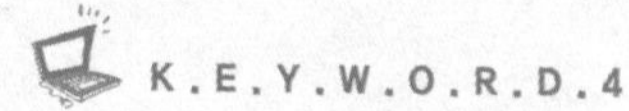

콘텐츠

Q 제게는 9살 딸과 7살 아들이 있습니다. 저희는 스마트폰을 이용해 주로 음악을 많이 들어요. 또 아이들이 어렸을 때 찍었던 동영상이나 얼마 전에 다녀왔던 여행지에서 찍은 사진들을 살펴보며 많은 대화를 나누지요. 아무리 디지털 기기가 나쁘다지만 이렇게 현명하게 사용한다면 별 탈이 없지 않을까요? 스마트폰을 이용해 음악을 듣거나 추억이 담긴 동영상을 보면서 대화하면 아이들과의 관계가 더욱 돈독해지는 것 같거든요.

A 스마트폰의 다양한 기능을 아이들과 함께 즐기는 것이 꼭 나쁜 것만은 아닙니다. 특히 스마트폰을 매개로 가족끼리 상호작용을 하는 것은 매우 긍정적인 일입니다.

그러나 이때는 반드시 고려해야 할 점이 있습니다. 처음에는 아이들과 함께 동영상이나 가족사진을 보며 즐거운 대화를 나눌 수 있을 것입니다. 하지만 디지털 기기의 특성상 거기에서 멈출 수 없을 게 분명합니다. 이런저런 기능들을 눌러보고 실행하다 보면 금세 그 자극성에 정신이 팔릴 수밖에 없거든요.

만약 디지털 페어런팅에 자신이 있는 부모라면 스마트폰을 이용해 동영상이나 가족사진을 보는 것이 전혀 문제가 되지 않습니다. 그러나 아직까지 디지털 페어런팅에 자신이 없는 부모라면, 굳이 스마트폰 안에 들어 있는 사진들을 손가락으로 터치하며 들여다볼 것이 아니라 가족앨범에 담겨 있는 사진들을 한 장 한 장 넘기면서 소중한 추억들을 꺼내보는 것이 어떨까요?

학습

Q 요즘 아이들이 좋아하는 캐릭터가 등장하는 한글교육 애플리케이션이 있습니다. 이 애플리케이션을 다운로드한 사람들 말로는 아이들이 너무 좋아해서 한글을 금세 배우게 된다고 하더라고요. 아이들이 좋아하는 캐릭터가 등장하는 애플리케이션을 통해 공부하는 것이 만 4살 남자아이에게 과연 얼마나 효과가 있을까요?

A 핀란드, 독일 같은 교육 선진국에서는 유치원에서 글자를 교육하는 것을 금지하고 있습니다. 그 이유는 글자교육이 유치원 연령 아이들의 창의력 발달을 크게 방해한다는 믿음 때문이지요.

유아기 때는 직접체험을 통해 호기심을 채워나가고 그것을 바탕으로 창의력을 극대화하는 것이 최적의 교육입니다. 인생에서 창의력이 최고조에 달하는 시기가 바로 유아기거든요.

그런데 이 시기에 글자를 배운 아이들은 창의력 발달이 제한될 가능성이 큽니다. 예를 들어, 똑같이 버스를 보더라도 한글을 읽는 아이들은 '○○ 버스'라는 글자를 읽고 더 이상의 생각을 연상시키지 않습니다. 그러나 아직 한글을 읽지 못하는 아이들은 "파랑색 버스는 파랑 차고에 가고, 초록색 버스는 초록 차고에 가고" 하는 식으로 문자 이외의 다른 특징들을 비교하며 다양한 상상의 나래를 펼칩니다. 어느 아이가 더 사고력이 우수하고 창의적일지는 누구나 알 수 있지요. 더구나 아직 만 4살인 아이들은 정교한 글자를 구분할 수 있는 시지각적 통합능력이 미숙해요. 유사한 문자를 구분하기 위해서 초등학교 1학년에 비해 엄청난 노력을 요합니다. 즉 글자 공부를 받아들일 만큼 두뇌가 성숙하지 못해 더 많은 노력과 흥미 유발이 필요하지요.

따라서 만 4살의 아이에게 글자교육을 시키려는 것 자체가 무리이고 어른의 욕심입니다. 인기 캐릭터를 동원해서라도 가르치려고 하는 것은 아직 뇌 발달상 준비가 안 된 아이에게 강한 자극을 동원해서 억지로 흥미를 유발시키려 드는 것입니다. 아직 준비가 안 된 아이의 입장에서 얼마나 힘든 일일지 헤아려본 적은 있으신가요? 또한, 강한 자극으로 학습동기를 유발하기 시작한다면 그 이후에는 점점 더 센 자극이 주어져야만 학습을 하게 된다는 사실도 알고 있어야 합니다.

간혹 어깨너머로 한글을 스스로 깨우치는 아이도 있긴 합니다. 그러나 이 경우는 유난히 시지각적 분별력이 좋은 아이거나 칭찬받는 형제를 이기고 싶은 무의식적 동기에 의해 그럴 수 있습니다. 그러나 이런 아이라도 문제점은 있습니다. 글자를 읽고 해석하는 데 몰두하느라 사람과 세상에 대한 관심과 호기심이 줄어들 수 있거든요. 그래서 저는 한글이나 숫자에 관심을 많이 보이는 유아들을 볼 때면 '저 아이는 글자나 숫자보다 더 재미있는 자극이 주변에 없는 것은 아닐까?'라는 생각이 제일 먼저 든답니다.

장래희망

Q 우리 아이는 초등학교 3학년입니다. 그런데 아이가 커서 게임을 만드는 사람이 되고 싶다고 합니다. 그래서 지금 게임을 많이 해봐야 한다나요. 디지털 기기와 관련된 직업을 장래희망으로 삼고 있는 아이들은 디지털 기기를 보다 능숙하게 다루는 것이 도움이 되지 않을까요?

A 요즘 이런 이야기를 하는 아이들이 간혹 눈에 띄더군요. 자신의 꿈이 게임 프로그래머니까 시중에 나와 있는 게임들을 분석하기 위해 직접 다 해봐야 한다고 하더라고요. 아니면 프로게이머가 될 거라며 게임 속도를 높이기 위해 하교 후에 하루 종일 게임에 몰두하는 아이들도 있지요. 아이들이 이런 주장을 내세우면 부모들은 어느 정도 수용하게 됩니다. 아무래도 아이들의 꿈과 관련된 부분이기 때문에 일방적으로 못 하게 할 수 없다는 생각이 드는 것이지요.

그런데 한번 생각해보세요. 게임 프로그래머가 어디 게임만 잘한다고 될 수 있는 직업입니까? 게임 프로그래머가 되기 위해서는 프로그램에 대한 이해도 필요하고 그래픽도 잘 다룰 줄 알아야 합니다. 디자인에 대한 감각도 있어야 하고 스토리텔링 능력도 있어야 하지요. 물론 톡톡 튀는 아이디어와 사람들의 마음을 읽어 트렌드를 이끌어가는 재주도 있어야 합니다.

그러니 아이에게 단지 게임만 많이 한다고 게임 프로그래머가 될 수 있는 건 아니라는 사실을 알려주세요. 이야기를 들려주는 것도 좋지만 직접 게임을 만드는 업체에 방문해서 실습할 수 있는 기회를 주면 더욱 좋습니다. 백문이 불여일견이라잖아요.

실제로 우리나라에서 이름을 떨치고 있는 유명 게임 프로그래머들은 대부분 최고의 학벌을 가지고 있는 우수한 인재들입니다. 아마 이 사람들이 어린 시절에 게임만 했다면 절대로 훌륭한 게임 프로그래머가 될 수 없었을 거예요. 그래서 유명한 게임 프로그래머들의 프로필에 대해 이야기를 나누어보는 것도 도움이 될 수 있습니다.

초등학교 고학년 이후에는 프로게이머가 꿈이라고 말하는 아이들이 많이 생깁니다. 그러나 그 말을 고스란히 믿지 마세요. 대부분은 게임을 하고 싶어 하는 마음을 합리화하기 위해서 그러는 거니까요. 이런 아이의 경우 게임에 푹 빠져 있는 과몰입 상태이거나 헤어나오지 못하는 중독 상태일 가능성이 아주 큽니다. 그러므로 더더욱 디지털 페어런팅이 필요할 수 있습니다. 그래도 안 되면 꼭 관련 전문가를 찾아 아이 상태를 진단하고 전문적인 도움을 받아야 합니다.

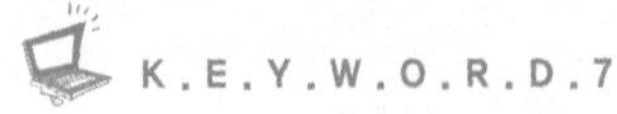

거짓말

Q 초등학교 3학년 남자아이입니다. 그전에는 안 그랬는데 컴퓨터, 스마트폰을 사주면서 아이의 거짓말이 늘었어요. 인터넷 강의를 듣는다고 해서 컴퓨터를 사줬더니 딴짓만 하고 있고, 스마트폰에 게임 관련 애플리케이션은 안 깔겠다고 약속해놓고서는 몰래 깔아놓고 비밀번호까지 걸어두었더라고요. 아이가 슬슬 거짓말하는 것을 보면서 아이에게 배신감이 들어 믿음이 가질 않네요. 이 상황을 어떻게 극복할 수 있을까요?

A 아이들은 만 3살 무렵부터 거짓말을 하기 시작합니다. 이때는 보통 자기가 원하는 것을 얻으려 거짓말을 하지요. 하지만 이 시기의 아이들은 현실과 환상을 구분하는 능력이 크게 부족하기 때문에 구체적인 의도를 가지고 상대방을 속이기 위해서 거짓말을 한다고 보기 어려워요.

만 4~5살 때 하는 거짓말은 질적으로 달라집니다. 상대방을 속이려고 하는 의도가 보다 분명하게 보이거든요. 그러나 이 시기 역시 상대방을 속이려는 악의적인 의도보다는 벌을 받지 않기 위해서, 혹은 엄마, 아빠를 실망시킬까 봐 두려운 마음에 거짓말을 하게 됩니다. 그러므로 화를 내고 꾸짖기보다는 아이가 자신의 행동에 대해 솔직하게 설명할 수 있도록 이해해주고 기다려주는 것이 중요해요. 솔직하게 이야기했을 때는 용서를 해주어야 하고요.

초등학생이 되면 거짓말을 하는 횟수도 늘어나고 거짓말의 내용도 놀라울 만큼 정교해집니다. 그러나 같은 초등학생이라도 누구는 거짓말을 많이 하지만 누구는 거짓말을 잘 하지 않습니다. 이것은 부모의 양육환경이 크게 좌우하지요. 초등학생쯤 되면 거짓말을 하는 것이 나쁜 것이라는 사실을 잘 알기 때문에 부모로부터 도덕교육을 제대로 받은 아이들은 거짓말을 잘 하지 않습니다.

초등학교 3학년 남자아이가 평소에는 거짓말을 잘 하지 않았는데 디지털 기기를 접한 이후부터 거짓말이 눈에 띄게 늘었다고요? 그렇다면 디지털 기기 과다사용을 스스로 조절하는 능력이 없어서 어쩔 수 없이 거짓말을 하게 된 것입니다.

디지털 기기를 사용하면서부터 거짓말이 늘어나는 아이는 의외로 주변에서 많이 찾아볼 수 있습니다. 상담을 받으러 온 아이 중에 우울증에 걸린 것처럼 꾸며 학원을 자주 빠지는 경우도 있었습니다. 시무룩한 얼굴로 "기분이 안 좋아. 외로워. 우울해. 오늘은 학원 쉬고 싶어"라는 말을 자주 하기에 아이의 엄마는 아이가 사춘기에 접어들어 그러는 것이라고 생각했지요. 그러다가 그 횟수가 너무 잦아지자 우울증을 의심하고 병원을 찾은 것이었어요. 그런데 우울증은커녕 학원을 빠지고 그 시간에 게임을 하기 위한 술수였음을 깨닫고는 아이에게 크게 실망했던 사례가 있습니다. 그러므로 디지털 기기를 사용하면서부터 거짓말이 늘었다면 적절한 디지털 페어런팅을 통해 스스로 통제할 수 있도록 도움을 주세요. 구체적인 규칙을 정한 뒤 예외를 두지 않고 그것을 지켜나가도록 한다면 거짓말하는 횟수가 크게 줄어들 것입니다.

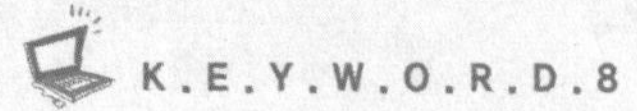

형제

Q 5살과 13살, 터울이 큰 두 아들을 키우고 있어요. 형이 컴퓨터를 하기 때문에 자연스럽게 동생도 컴퓨터에 노출이 됩니다. 형에게 동생 앞에서 하지 말라고 하면 왜 동생 때문에 자기가 희생을 해야 하냐고 짜증을 내고, 동생에게 컴퓨터를 그만하라고 하면 형은 많이 하는데 왜 자기는 조금밖에 못하냐고 투정을 부립니다. 어떻게 하면 좋을까요?

A 터울이 많이 나는 두 아들을 키우는 것은 만만치 않은 일입니다. 아무래도 터울이 많이 나다 보면 전반적인 수준도 크게 차이가 나고 관심을 갖는 분야도 많이 다르기 때문에 그 중간에서 균형을 잡는 것이 여간 힘들지 않아요.

그래도 반드시 형의 입장과 동생의 입장을 모두 헤아려 적절하게 양육할 수 있도록 노력을 기울여야 합니다. 특히 디지털 기기에 관한 부분은 연령에 따라 주의해야 할 점이 많이 다르기 때문에 더욱 많은 노력이 필요하지요.

이 경우, 일단 컴퓨터를 동생이 보지 못하는 곳으로 옮겨야 합니다. 그리고 형이 컴퓨터 하는 모습을 동생이 보지 못하게 해야 하지요. 보통의 경우에는 컴퓨터를 모두가 볼 수 있는 거실에 내놓는 것을 권유하지만, 이 경우는 아직 어린 동생이 디지털 기기에 빠져드는 것을 막기 위해 안 보이는 곳에 놓는 것이 좋아요.

그리고 폐쇄적인 공간에서 컴퓨터를 할 수밖에 없는 형에게는 강력한 디지털 페어런팅이 이루어져야 합니다. 지켜야 할 규칙을 구체적으로 정한 뒤 그것이 잘 지켜지고 있는지를 관심 있게 지켜보아야 합니다. 지키지 않았다면 그에 대한 벌칙도 강력하게 이루어져야 하지요.

이렇게까지 하는데도 동생이 자기도 컴퓨터를 하게 해달라고 조른다면 단호한 훈육이 좀 필요합니다. 형도 너의 나이 때는 컴퓨터를 금지했다고 알려주면서 좀 더 자라야 컴퓨터를 하게 해준다는 규칙을 가르쳐주세요.

친구관계

Q 초등학교 4학년 딸이 스마트폰이 없어 친구들이 따돌린다고 고민을 하고 있어요. 요즘은 조별 과제를 의논할 때도 아이들이 단체대화방을 만들어 거기에서 이야기를 한다고 하더라고요. 사실 요즘 아이들, 공부하느라 친구 만날 시간도 없잖아요. 그래서 SNS 정도는 자유롭게 할 수 있게 하면 어떨까 싶은데, 제 생각이 맞는 건가요?

A 스마트폰 때문에 친구들 사이에서 소외를 당하는 초등학교 4학년 여자아이라면 스마트폰을 사줄 만합니다. 그러나 이때도 디지털 페어런팅이 엄격하게 적용되는 것을 전제로 해야 하지요.

여자아이들은 특히 SNS 때문에 스마트폰을 갖고 싶어 하는 경향이 강합니다. 보통 부모들은 게임중독에 대해서는 크게 걱정을 하면서도 SNS 중독에 대해서는 별다른 걱정을 하지 않더라고요. 그러나 SNS 역시 게임만큼이나 강한 중독성을 보이며 그 부작용도 심각하기 때문에 철저히 통제해야 해요.

일단 SNS는 시간을 정해서 할 수 있도록 합니다. 친구들에게도 미리 "나는 4시부터 6시까지는 학원에 갔다가 집으로 돌아와 숙제를 해야 하고,

6시부터 7시까지는 저녁식사를 해야 해. 7시부터 9시까지는 자유 시간
이니 그때 들어가서 대화를 나눌 수 있어"라고 자신의 상황에 대해 이야
기할 수 있도록 해주세요. 사이가 좋은 친구라면 충분히 이해해줄 겁니
다. 또한, 친구 중 한 명이 이렇게 시간을 조절해서 SNS를 하게 되면 다
른 아이들도 서서히 시간을 조절해나가는 습관이 생길 거예요.

그런데 한 가지 분명히 알아두어야 할 것이 있습니다. 친구들 중에는
SNS를 하지 않는 아이가 분명히 있을 테고, SNS를 통해서가 아니라 직
접 만나 대화하고 놀이를 즐기는 아이가 훨씬 더 건강하다는 사실을요.

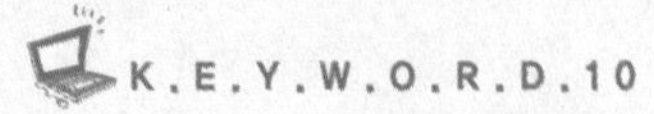

보안 프로그램

Q 이제 막 중학교에 입학한 남자아이입니다. 우리 아이는 어렸을 때부터 컴퓨터 도사였어요. 그래서 유해정보 차단프로그램을 깔아놓아도 아이가 어떻게든 없애더라고요. 그래서 보안 프로그램들이 아무 소용이 없는데 어쩌지요?

A 이런 경우에는 '뛰는 아이 위에 나는 엄마가 되어야 한다'라는 조언을 들려주고 싶어요. 눈가림을 하기 위해서 여러 가지 술수를 쓰는 아이를 이기기 위해서는 아이보다 더욱 컴퓨터에 능숙한 컴퓨터 고수가 되는 수밖에 없습니다.

간혹 자신이 접속했던 사이트를 지우는 방법을 알고는 그것을 실행에 옮기는 아이들이 있어요. 그런데 또 그것을 추적할 수 있는 프로그램도 있거든요. 아이가 보안 프로그램을 없앤다면 엄마가 다시 깔아놓으세요. 엄마에게 그 정도로 강력한 의지가 있다는 사실을 알게 된다면 아이 역시 아무런 죄의식 없이 함부로 잘못된 선택을 하지는 않을 거예요.

그러니까 아이를 디지털 기기로부터 지키기 위해서는 끊임없이 연구와 공부가 필요합니다. 디지털 기기에 빠진 아이를 키우고 있다면 적어도 사춘기가 지날 때까지는 아이와 전쟁을 벌일 각오를 하고 있어야 해요.

디지털 세상이 아이를 아프게 한다